U0161505

"十三五"国家重点出版物出版规划项目·重大出版工程规划

5G关键技术与应用丛书

# 软件定义无线网络及虚拟化

田 霖 孙 茜 王园园 张宗帅 编著

科学出版社

北 京

## 内 容 简 介

利用软件定义与虚拟化技术，形成可裁剪、可定制的弹性无线网络，可为多种应用场景提供差异化的服务能力。本书围绕“软件定义无线网络与虚拟化”这一主题，介绍了软件定义与虚拟化技术的发展历程，并从无线网络功能、无线网络平台、无线网络资源三个方面阐述了软件定义与虚拟化技术在无线网络中的应用，介绍了5G网络中的软件定义与虚拟化技术，并列举了基于软件定义与虚拟化技术的无线接入网实例。

本书可供从事无线通信研究与实践的工程技术人员参考，也可作为高等院校通信工程相关专业高年级本科生和研究生的参考书。

**图书在版编目（CIP）数据**

软件定义无线网络及虚拟化 / 田霖等编著. — 北京：科学出版社，2021.3

（5G关键技术与应用丛书）

“十三五”国家重点出版物出版规划项目 • 重大出版工程规划

国家出版基金项目

ISBN 978-7-03-068315-1

Ⅰ. ①软… Ⅱ. ①田… Ⅲ. ①第五代移动通信系统 Ⅳ. ①TN929.53

中国版本图书馆CIP数据核字(2021)第044028号

责任编辑：王　哲 / 责任校对：胡小洁

责任印制：师艳茹 / 封面设计：迷底书装

科学出版社 出版

北京东黄城根北街16号

邮政编码：100717

http://www.sciencep.com

三河市春园印刷有限公司 印刷

科学出版社发行　各地新华书店经销

*

2021年3月第　一　版　开本：720×1 000　1/16

2021年3月第一次印刷　印张：11 3/4

字数：225 000

**定价：129.00元**

（如有印装质量问题，我社负责调换）

# “5G关键技术与应用丛书”编委会

# 序

由科学出版社出版的“5G关键技术与应用丛书”经过各编委长时间的准备和各位顾问委员的大力支持与指导，今天终于和广大读者见面了。这是贯彻落实习近平同志在2016年全国科技创新大会、两院院士大会和中国科学技术协会第九次全国代表大会上提出的广大科技工作者要把论文写在祖国的大地上指示要求的一项具体举措，将为从事无线移动通信领域科技创新与产业服务的科技工作者提供一套有关基础理论、关键技术、标准化进展、研究热点、产品研发等全面叙述的丛书。

自19世纪进入工业时代以来，人类社会发生了翻天覆地的变化。人类社会100多年来经历了三次工业革命：以蒸汽机的使用为代表的蒸汽时代、以电力广泛应用为特征的电气时代、以计算机应用为主的计算机时代。如今，人类社会正在进入第四次工业革命阶段，就是以信息技术为代表的信息社会时代。其中信息通信技术(Information Communication Technologies，ICT)是当今世界创新速度最快、通用性最广、渗透性最强的高科技领域之一，而无线移动通信技术由于便利性和市场应用广阔又最具代表性。经过几十年的发展，无线通信网络已是人类社会的重要基础设施之一，是移动互联网、物联网、智能制造等新兴产业的载体，成为各国竞争的制高点和重要战略资源。随着“网络强国”、“一带一路”、“中国制造2025”以及“互联网+”行动计划等的提出，无线通信网络一方面成为联系陆、海、空、天各区域的纽带，是实现国家“走出去”的基石；另一方面为经济转型提供关键支撑，是推动我国经济、文化等多个领域实现信息化、智能化的核心基础。

随着经济、文化、安全等对无线通信网络需求的快速增长，第五代移动通信系统(5G)的关键技术研发、标准化及试验验证工作正在全球范围内深入展开。5G发展将呈现“海量数据、移动性、虚拟化、异构融合、服务质量保障”的趋势，需要满足“高通量、巨连接、低时延、低能耗、泛应用”的需求。与之前经历的1G~4G移动通信系统不同，5G明确提出了三大应用场景，拓展了移动通信的服务范围，从支持人与人的通信扩展到万物互联，并且对垂直行业的支撑作用逐步显现。可以预见，5G将给社会各个行业带来新一轮的变革与发展机遇。

我国移动通信产业经历了2G追赶、3G突破、4G并行发展历程，在全球5G研发、标准化制定和产业规模应用等方面实现突破性的领先。5G对移动通信系统进行了多项深入的变革，包括网络架构、网络切片、高频段、超密集异构组网、新空口技术等，无一不在发生着革命性的技术创新。而且5G不是一个封闭的系统，它充分利用了目前互联网技术的重要变革，融合了软件定义网络、内容分发网络、网络功能虚拟化、云计算和大数据等技术，为网络的开放性及未来应用奠定了良好的基础。

为了更好地促进移动通信事业的发展、为5G后续推进奠定基础，我们在5G标准化制定阶段组织策划了这套丛书，由移动通信及网络技术领域的多位院士、专家组成丛书编委会，针对5G系统从传输到组网、信道建模、网络架构、垂直行业应用等多个层面邀请业内专家进行各方向专著的撰写。这套丛书涵盖的技术方向全面，各项技术内容均为当前最新进展及研究成果，并在理论基础上进一步突出了5G的行业应用，具有鲜明的特点。

在国家科技重大专项、国家科技支撑计划、国家自然科学基金等项目的支持下，丛书的各位作者基于无线通信理论的创新，完成了大量关键工程技术研究及产业化应用的工作。这套丛书包含了作者多年研究开发经验的总结，是他们心血的结晶。他们牺牲了大量的闲暇时间，在其亲人的支持下，克服重重困难，为各位读者展现出这么一套信息量极大的科研型丛书。开卷有益，各位读者不论是出于何种目的阅读此丛书，都能与作者分享5G的知识成果。衷心希望这套丛书能为大家呈现5G的美妙之处，预祝读者朋友在未来的工作中收获丰硕。

中国工程院院士
网络与交换技术国家重点实验室主任
北京邮电大学 教授

2019年12月

# 前　言

未来无线网络应用千差万别，具有代表性的应用与场景包括 VR/AR 以及高清视频直播、车联网、无人驾驶、工业互联网、智能家居、智慧城市等，在传输容量、时延、可靠性、接入数等方面对无线网络提出了个性化的性能要求，无线通信系统在如何提供个性化的服务方面面临巨大挑战。软件定义无线网络与虚拟化是应对上述挑战的有效方法。软件定义网络通过软硬件解耦机控制与转发分离将网络的控制平面和数据平面解耦分离，是支持动态、弹性管理的新型网络体系结构。网络虚拟化是对一组网络资源或功能进行分区或组合，通过分区或组合的资源集和功能集对每个应用呈现出具有唯一的、独立的定制化网络。随着无线网络流量快速增长以及服务业务差异化，将虚拟化扩展到无线网络将是非常必要的。使用无线网络虚拟化，无线网络资源与功能可以与它所提供的服务解耦，基于应用个性化需求提供定制化的服务，同时使不同的应用可以共享相同的基础设施，最大化其利用率，可以显著降低无线网络的部署支出和运营支出。与此同时，无线网络虚拟化通过隔离网络的一部分来支持遗留产品，从而更容易升级新产品和引入新技术。

基于软件定义的弹性网络体系，无线网络虚拟化需要进一步将无线网络资源抽象并隔离到多个无线虚拟网络中，利用软件定义与虚拟化技术为差异化的应用提供定制化服务所需资源。软件定义网络（Software Defined Networking，SDN）是一种将网络控制与转发功能解耦的方法，其在无线网络中的应用，即软件定义无线网络（Software Defined Wireless Networking，SDWN）也引起了广泛关注，大量研究机构进行了接口标准化、关键技术的相关研究和实验。此外，针对无线网络的虚拟技术应用，世界各国也已经开展了相关项目研究，包括美国的全球网络创新环境（Global Environment for Network Innovations，GENI）、加拿大的基于虚拟基础设施智能应用程序（Smart Applications on Virtual Infrastructure，SAVI）和欧洲的智能对象的虚拟分布式平台（Virtualized Distributed Platforms of Smart Objects，VITRO）等。

然而，无线网络的设备、资源与性能的独特性使软件定义无线网络与虚拟化更加复杂，因此本书围绕软件定义无线网络及虚拟化这一主题进行了分析总结，本书内容包括：第 1 章首先介绍软件定义网络、虚拟化的概念等基础知识以及发展历史和标准化进程，并进一步分析软件定义网络与虚拟化之间的关系，经过近十余年的快速发展与应用，两种技术各具特色的同时已经相互融合并趋于成熟。虽然软件定义与虚拟化技术在计算机网络中已经广泛应用，但由于无线网络的独特架构与数据处理要求，无线网络中的软件定义与虚拟化技术仍面临三大挑战，即无线网络功能的软件定义技术、无线网络的虚拟化平台技术、无线网络资源的虚拟化技术。第 2～4 章内容围绕上述三个挑战分别展开。第 2 章介绍了无线网络功能的软件定义技术，首先，概述了软件定义无线网络功能，然后，进一步设计了软件定义的接入网功能与软件定义的核心网功能，并给出了软件定义的无线网络功能管理架构，最后，作为无线网络定义软件功能的应用，介绍了基于无线网络功能软件定义的网络切片。第 3 章介绍了无线网络虚拟化平台技术，包括虚拟化平台的概念与虚拟化平台的分类、主流的 IT 类虚拟化平台与性能方面的对比分析、基站特定虚拟化平台的实现机制与关键技术、虚拟化平台的评估参数与方法。第 4 章介绍了无线网络资源虚拟化技术的主要研究方向和研究现状，包括虚拟资源统计复用增益分析、虚拟资源管理调度机制以及虚拟资源动态分配算法。第 5 章介绍了 5G 网络中的软件定义与虚拟化，首先介绍了 5G 网络面临的业务与通信需求特征，为支持多样化的业务需求，5G 网络引入软件定义与虚拟化技术，通过控制与转发分离的模块化功能、按需调配资源的虚拟化平台与资源虚拟化技术使得 5G 网络具有按需定制、灵活扩张的能力。第 6 章列举了软件定义与虚拟化无线接入网络应用案例。首先，介绍了软件定义与虚拟化接入网的核心与价值，然后，从环境、资源模型和管理框架三方面介绍了软件定义与虚拟化无线网络的构建，接着，列举了多个软件定义与虚拟化无线网络的方案实例，最后，提出了软件定义与虚拟化无线接入网的部署挑战。

感谢来自中国科学院计算技术研究所的钱蔓藜、萧放，来自北京中科晶上科技股份有限公司的杨俊，来自北京百度网讯科技有限公司的邱杨，来自国家电投集团科学技术研究院的翟国伟为本书提供的宝贵资料。广联达科技股份有限公司的冯斐帆参与了本书的校对工作，中国科学院计算技术研究所的硕士生童旭升、杨天、张乐乐、冯晨等参与了本书的部分整理工作，感谢他们为本书所做的工作。

由于作者水平有限，书中难免存在不妥之处，恳请广大读者批评、指正。

作　者

2020 年 9 月

# 目　　录

# 第 1 章　软件定义与虚拟化网络

## 1.1　引　　言

软件定义与虚拟化网络推进了以功能软件化与软件控制、通用设备虚拟化共享为基础的网络演进，能够带来出色的网络扩展性、敏捷特性和创新性，有效降低网络构建与运维成本。本章将介绍软件定义与虚拟化网络的基本概念与发展历程。首先，介绍软件定义网络的概念、发展历史、标准化进程和协议；然后，介绍虚拟化网络的概念、发展历史、标准化进程和协议；接着，分析软件定义网络与虚拟化网络的关系，总结软件定义网络与虚拟化网络的各自优势；最后，讨论软件定义与虚拟化的无线网络，分析无线网络中软件定义与虚拟化技术的应用与挑战。

## 1.2　软件定义网络

### 1.2.1　软件定义网络概念

软件定义网络(Software Defined Network，SDN)最早是由美国斯坦福大学研究组提出的一种新型网络创新架构[1-3]，希望应用软件可以参与对网络的控制管理，以满足上层业务需求，并通过自动化业务部署简化网络运维。

开放网络基金会(Open Network Foundation，ONF)对 SDN 进行了更进一步的解释，指出 SDN 是一种支持动态、弹性管理的新型网络体系结构，通过将网络的控制平面和数据平面解耦分离，抽象了数据平面网络资源，并支持通过统一的接口对网络直接进行编程控制，是实现高带宽、动态网络的理想架构，并认为 SDN 需要满足下面三点原则[4,5]。

(1)控制和转发分离原则。网络的控制实体独立于网络转发和处理实体，进行独立部署。需要说明的是，控制和转发分离的部署并不是全新的网络架构原则，实际上传统光网络的部署方式一直是控制和转发分离的，而传统的分组网络是控制和转发合一的分布式部署方式。控制和转发分离带来的好处是控制可以集中化来实现更高效的控制，以及控制软件和网络硬件的独立优化发布。控制和转发分离是SDN架构区别于传统网络体系架构的重要标志，是网络获得更多可编程能力的架构基础[6]。

(2)网络业务可编程原则。该原则的目的是允许用户在整个业务生命周期中通过同一控制器进行信息交换来改变业务的属性，满足需求变化，从而提高业务的敏捷性，用户可以更方便、快捷地制定业务、启动业务、改变业务、撤销业务等。

(3)集中化控制原则。该原则的目的是追求网络资源的高效利用。集中的控制器对网络资源和状态有更加全面的视野，可以更加有效地调度资源来满足客户的需求。同时，控制器也可以对网络资源细节进行抽象，从而简化客户对网络的操作。

在这三个原则中，前两个原则是SDN的核心，如果一个网络系统满足了这两个原则，那么也可以宽泛地认为这是一个SDN架构。另外，开放的接口也是实现SDN架构极为重要的一个要素，但并不是实现SDN架构的基本原则，对网络领域通用和公共的功能接口进行标准化，从而保证应用与网络的解耦，防止厂商锁定。接口开放原则并不反对厂商在满足公共接口标准和兼容性前提下的功能扩展。

### 1.2.2　软件定义网络发展历史

随着网络发展，网络规模越来越大，传统的底层网络架构由于设备繁杂、配置麻烦、迭代缓慢，已经无法满足业务发展的需求，各种问题层出不穷。下一代网络希望整个网络可以做到可编程按需定制、集中式统一管理、动态流量监管、自动化部署等，这就是SDN的出发点。SDN也将成为下一代网络的创新体系结构。从2006年提出至今，SDN的发展可划分为两个时期。

1. 定义期

2006年，由美国斯坦福大学Clean Slate课题研究组提出的一种新型网络创新架构，该研究团队提出了开放流的概念，对校园网进行了实验性的创新。Clean Slate项目旨在改变当时设计已略显不合时宜，且难以进化发展的网络基础架构[7]。

2008年，OpenFlow的概念被正式提出，研究人员首次详细地介绍了OpenFlow的概念，阐述OpenFlow的工作原理，还列举了OpenFlow几大应用场景。基于OpenFlow为网络带来的可编程的特性，Nick McKeown教授团队进一步提出了软件定义网络的概念。当年SDN概念入围Technology Review年度十大前沿技术，获得了学术界和工业界的广泛认可和大力支持。同年12月，OpenFlow规范发布了具有里程碑意义的可用于商业化产品的1.0版本。

2011 年 3 月，在 Nick McKeown 教授等人的推动下，开放网络基金会成立，致力于推动 SDN 架构、技术的规范和发展工作。12 月，第一届开放网络峰会在北京召开，此次峰会邀请了国内外在 SDN 方面先行的企业介绍其在 SDN 方面的成功案例；同时世界顶级互联网、通信网络与 IT 设备集成商公司探讨了如何在全球数据中心部署基于 SDN 的硬件和软件，为 OpenFlow 和 SDN 在学术界和工业界进行了很好的介绍和推广。

2. 产业发展期

2012 年 4 月，ONF 发布了 SDN 白皮书。2012 年以来，SDN 完成了从实验技术到网络应用的重大跨领域部署，为互联网供应商、传统 IT 供应商、传统网络和通信设备供应商的商业化和产业化打开了大门。同时，芯片供应商和电信运营商也都推出了 SDN 产品和解决方案。

2012 年，谷歌宣布已在全球 12 个数据中心部署了基于 OpenFlow 的 SDN，从而证明了 SDN 的技术成熟性。

2013 年 4 月，思科和 IBM 联合微软、Big Switch、博科、思杰、戴尔等发起成立了 Open Daylight，与 Linux 基金会合作开发 SDN 控制器、南向/北向应用程序接口(Application Programming Interface，API)等软件，旨在使网络管理更容易、更廉价。

2017 年，谷歌向外界首次展示了其边缘数据中心 Espresso，这是一套软件定义网络的架构，目的是推动 SDN 进入公共互联网。

国内对 SDN 研究与应用也紧跟国际步伐。

中国移动在 2018 世界移动通信大会中，发布了面向 5G 承载的切片分组网(Slicing Packet Network，SPN)技术白皮书，SPN 是中国移动自主创新的技术体系，分别在物理层、链路层和转发控制层采用创新技术，以满足 5G 业务等综合业务的传输网络需要。SPN 采用 SDN 进行集中管控，实现开放、敏捷、高效的网络新运营体系。

华为在运营商 ICT 网络转型的 Network 2020 白皮书指出，将综合多年运营商网络基础设施建设、集成、运维服务经验，结合现代的云基础设施，在通用硬件开发实践及对 SDN/NFV(Network Function Virtualization)技术深刻理解的前提下，利用云计算、大数据、SDN 和 NFV 这些颠覆性的技术和理念重新塑造电信网络架构，以满足未来的数字服务需求和全连接的世界。

中兴通讯在 2020 年推出弹性网络解决方案 ElasticNet，其核心是通过 SDN/NFV 技术在统一的物理基础设施上实现网络云化，基于 SDN/NFV 技术和面向 5G 的开放网络架构，为运营商提供端到端的电信云解决方案，助力运营商全面实现数字化转型。

### 1.2.3 软件定义网络标准化进程

开放网络基金会、互联网工程任务组、国际电信联盟标准化组织等都在开展SDN相关技术标准的制定工作。这些标准化组织分别从各自不同的出发点进行研究，在SDN领域的标准化研究侧重点也各不相同[8]。

1. 开放网络基金会

ONF主要致力于推动SDN的发展及OpenFlow技术标准化与商业化的规范制定。该组织主要关注SDN及OpenFlow技术的标准化(规范制定)以及商业化。目前，ONF由董事会成员及会员两部分组成。董事会成员主要包括部分运营商、互联网及软件公司，会员则包括网络设备商、网络运营商、服务器虚拟化厂商、网络虚拟化厂商、测试仪表厂商等。

ONF创始至今，已经为设备和软件提供商、服务提供商及电信运营商带来众多机遇，成员数量快速扩张。ONF成员也在不同领域开展了SDN的技术研究和部署。国内运营商中的中国移动已经成为ONF组织的成员。当前ONF由10个工作组和6个讨论组构成，工作组包括结构框架组、配置和管理组、协议升级组、转发抽象组、教育推广组、迁移组、北向接口组、光传输组、测试和互操作组、无线与移动组。讨论组包括6个子讨论组，分别为：电信级SDN讨论组(讨论SDN环境下电信运营商的独特需求，诸如应用场景、部署问题以及带宽受限管理等问题)、论坛组(讨论会议计划或者其他非技术问题)、日本组、层4～7组(讨论如何使用OpenFlow实现4～7层的端到端网络服务)、安全组(讨论OpenFlow安全性问题、OpenFlow管理与配置协议以及SDN架构的安全能力)、技能验证组(讨论SDN测试、认证相关问题)。ONF技术工作组和讨论组通过会议或邮件方式对SDN和OpenFlow相关的规范进行讨论，根据各工作组的研究成果，不定期发布技术报告和白皮书。

2020年3月3日，ONF宣布推出Aether，这是第一个用于交付企业5G / LTE边缘云即服务的开源平台。Aether为分布式企业网络提供移动连接和边缘云服务，所有这些都通过集中式云进行配置和管理。Aether基于开源组件并针对云部署进行了优化，同时支持在4G / 5G授权频谱和非授权频谱上进行部署。Aether易于部署，高度可扩展，并且专门为多云环境中快速启动边缘服务而设计。Aether是企业数字化转型的关键支撑平台，正在为企业网络的构建、部署和运营提供各种新的业务模型。

### 2. 互联网工程任务组

互联网工程任务组(Internet Engineering Task Force，IETF)成立于 1985 年底，是全球互联网领域最具权威的技术标准化组织，主要任务是负责互联网相关技术规范的研究和制定，当前绝大多数国际互联网技术标准均出自 IETF 组织。

在 IETF 第 84 次会议上，正式提出了路由系统接口(Interface to the Routing System，IRS)的概念，并提议成立 SDN 研究组。在 IETF 第 85 次会议同期召开的 IRS BoF 会议上，关于 IRS 问题的描述、需求、应用场景和架构模型等方向的草案文稿已超过 10 篇，会议讨论同意成立 IRS 工作组，并将研究组命名为路由系统接口工作组 I2RS。I2RS 主张在现有网络层协议的基础上增加插件，并在网络与应用层之间增加 SDN 业务编排层以进行能力开放的封装，而不是直接采用 OpenFlow 进行能力开放，目的是尽量保留和重用现有的各种路由协议和 IP 网络技术。

在 IETF 第 86 次与第 87 次会议同期召开的 SDN 研究组与 I2RS 工作组会议上，进一步讨论了 I2RS 与 SDN 的关系、SDN 的框架与应用场景以及 SDN 应用与控制器之间的安全需求问题。

在 IETF 第 88 次会议同期召开的 ForCES 工作组会议上，讨论了基于 ForCES 的 I2RS 架构，重点研究了该架构是否适用于控制端到端的多协议标签交换会话，以及控制件和转发件分离中的控制件代理能否成为传统 SDN 控制器不可或缺的一部分。I2RS 工作组会议延续了前几次会议讨论的内容，进一步对协议内容、架构模型等问题进行了讨论，同时提出了研究 I2RS 故障排查机制的需求。SDN 研究组会议则重点讨论了 SDN 实现 IPv6 过渡的相关问题，提出可以把 IPv6 作为 SDN 上的一个应用，设计了 SDN-IPv6 架构。

### 3. 国际电信联盟标准化组织

国际电信联盟标准化组织(ITU Telecommunication Standardization Sector，ITU-T)是国际电信联盟管理下的专门制定远程通信相关国际标准的组织，创建于 1993 年。ITU-T 由多个研究组(Study Group，SG)组成。研究组下设不同的课题组，以进行分类的标准研究，被称为“Question”，不同的“Question”按顺序编号，如 Q1、Q2、Q3 等。

2012 年 2 月 ITU-T 中负责下一代网络(Next Generation Network，NGN)的研究组 SG13 首先启动了对“Y.FNsdn-fm”和“Y.FNsdn”两个项目的研究，分别对应 SDN 需求研究和框架研究，初步提出了在电信网络中实现 SDN 架构的思路。后来经过与 ONF 组织协商，ITU-T 进一步明确了 SDN 在电信运营商中的应用场景以及相关架构的研究方向。SG13 中与 SDN 研究相关的组职责如下：Q14 负责 SDN 通用功能及功能实体的标准制订，并研究在未来网络中应用 SDN 的需求；Q2 和 Q3 重点研究 SDN 在现有 NGN 中的应用场景和功能需求；Q6、Q8、Q9 分别研究与 SDN 相关的 QoS、安全和移动性实现方案；Q17、Q18、Q19 侧重研究云计算网络中 SDN 的应用场景和功能需求。

4. 中国通信标准化协会

基于前期 SDN 研究分析报告的工作，中国通信标准化协会的 IP 与多媒体通信技术工作委员会 TC1 在 2013 年初成立了以软件定义为核心特征的未来数据网络特别工作组 SWG3，重点研究基于 SDN 技术的未来数据网络(Future Data Network，FDN)场景需求、架构和协议标准。2013 年 4 月，TC1 第 23 次全会上召开的 SWG3 会议主要从 ONF 制定的 OpenFlow 协议、IETF 与 SDN 相关工作组制定的协议以及 FDN 协议需求三个方面入手，研究分析了 ONF 目前完成的 OpenFlow 协议和 OF-CONFIG 协议的主要内容和关键技术点，并介绍了 IETF 涉及 SDN 工作组的工作进展情况，对现有协议的优缺点进行了分析比较，提出了在未来制定 FDN 通信协议时需要考虑的问题。

2013 年 8 月，通信标准化协会 TC3 网络总体工作组 WG1 及其子工作组 SVN 于 8 月召开会议，重点围绕智能型通信网络相关项目进行研究。会议讨论通过了《基于 SDN 的智能型通信网络总体技术要求》和《智能型通信网络固定网络策略控制和策略执行设备技术要求》两项行业标准征求意见稿。

通信标准化协会 IP 与多媒体通信技术工作委员会未来数据网络标准任务组于 2013 年 10 月在宁波召开了第四次会议。会议主要就未来数据网络应用场景及需求、FDN 架构、OpenFlow、NFV 等标准展开了充分的讨论和审查，其中通信行业标准送审稿《FDN 应用场景及需求》获得审查通过。FDN 是基于软件定义网络和网络虚拟化等技术，具备应用层、控制层、转发面的层次架构，可支持网络虚拟化、设备软件化、资源共享化等网络能力的新型网络架构。该标准对 FDN 的应用场景和各场景中的技术要求进行了规定。会议还讨论了通信行业标准《基于 SDN 的 IP RAN 技术要求》的征求意见稿，并针对 NFV、FDN 体系架构和 FDN 协议等问题进行了专题讨论。

在 2019 举行的“SD-WAN 产业发展论坛 2019”上，中国通信标准化协会指出，SD-WAN 作为一种新兴的服务形态，将发展成熟的 SDN/NFV 技术应用到广域网传输中，在不更改现网架构的基础上，提供了可管理的虚拟网络，对比现有的网络具有流量灵活调度、布网简单和运维成本低等优势，开启了新的网络应用蓝海。

### 1.2.4　软件定义网络协议

SDN 架构如图 1.1 所示，整体上控制平面和数据平面分离，两者通过南向接口进行通信，使得逻辑集中的控制平面可以对分布式的数据平面进行编程控制，北向接口是连接 SDN 控制器和用户应用之间的重要纽带。通过北向接口，网络业务开发者能以软件编程的形式调用各种网络资源，同时上层的网络资源管理系统可以通过北向接口全局把控整个网络的资源状态，并对资源进行统一调度。得益于集中控制的优势，控制平面的存在使得网络的部署和配置更加智能和简化[9]。支持编程的 SDN 控制平面使得网络更加智能、更加灵活和易于拓展。控制器通过 SDN 南向接口的 API 可以对数据层面的网元设备下发指令，完成控制平面与数据平面的控制传输。

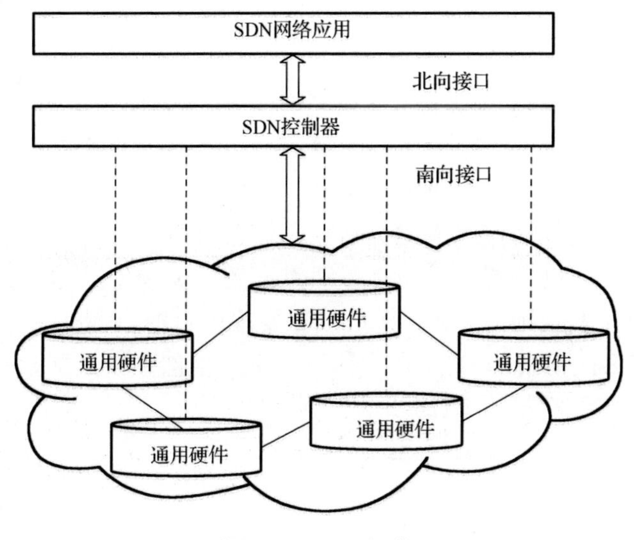


图 1.1　SDN 架构

1. 南向接口

SDN 通过南向接口(South Bound Interface，SBI)协议进行链路发现、拓扑管理、策略制订、表项下发等操作，以完成对厂商设备的管理和配置[9]。

SDN 控制器利用南向接口的上行通道对底层交换设备上报信息进行统一监控和统计，负责对网络拓扑和链路资源数据进行收集、存储和管理，包括域间拓扑和链路资源信息。随时监控、采集并反馈网络中 SDN 交换机工作状态以及传输链路连接状态信息，完成网络拓扑视图更新，这是实现网络地址学习、虚拟局域网、路由转发等网络功能的必要基础。接收来自协议控制器的业务请求，检视各域内资源信息，并发送路径计算请求给路由控制器且接收路径计算结果。控制器依据需求制订不同的策略，并通过南向接口下发至 SDN 交换机，从而实现对网络设备的统一控制。

南向接口协议包括 OpenFlow、路径计算单元通信协议(Path Computation Element Communication Protocol，PCEP)、边界网关协议流规范(Border Gateway Protocol-Flow Spec，BGP-FS)等。

1) OpenFlow

OpenFlow 协议是控制器与交换机之间的第一个标准通信协议，是 SDN 概念开始发展时由 ONF 组织所定义的协议。该协议的目标是通过直接定义网络设备的转发行为来实现软件灵活定义的网络。OpenFlow 可以用于实现对以太网交换机、路由器和光网络设备等的控制。实现 OpenFlow 规范的交换机称为 OpenFlow 交换机。

OpenFlow 的功能示意图如图 1.2 所示。OpenFlow 协议的工作思路非常简单，网络设备维护一个或者若干个流表，数据流只按照这些流表进行转发。流表本身的生成、维护完全由外置的控制器来管理。流表项并非仅指普通的 IP 五元组，而是由一些关键字和执行动作组成的灵活规则，并且每个关键字字段都是可以通配的。在实际应用中，网络管理人员可以通过配置流表项中具体的关键字来决定使用何种粒度的流转发规则。例如，如果只需要根据目的 IP 进行路由，那么下发流表项时，关键字只匹配目的 IP 字段，其他关键字全部采取通配，而动作中只需要一个出端口即可实现常规的 IP 路由转发。

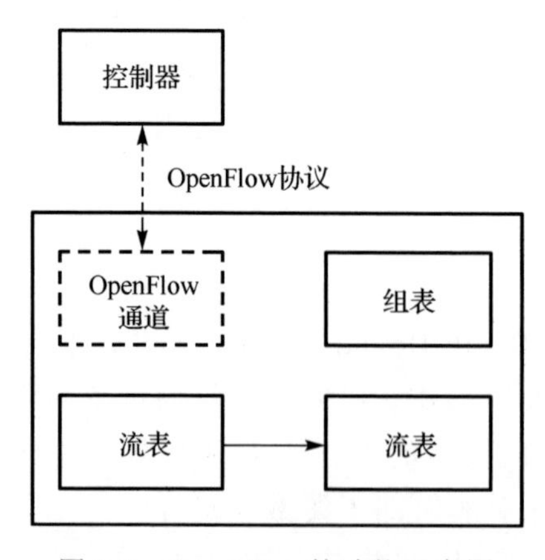


图 1.2　OpenFlow 的功能示意图

一台 OpenFlow 交换机包括 OpenFlow 协议、安全通道以及流表，通过安全通道，OpenFlow 交换机可以和控制器建立基于 OpenFlow 协议的连接；而流表则用来匹配 OpenFlow 交换机收到的报文；组表用来定义流表需要执行的动作。

2) PCEP

PCEP 是一种工作在两台设备之间的协议，其中一台设备利用流量工程(Traffic Engineering，TE)进行转发，另一台设备则负责执行确定流量工程路径所需的所有计算。PCEP 由 RFC 4655 定义，将运行 TE 协议的设备定义为路径计算客户端(Path Computation Client，PCC)，将执行全部计算功能的设备定义为路径计算单元(Path Computation Element，PCE)，PCE 与 PCC 之间的协议则称为 PCEP。PCC 可以是任何已经启用了与 PCE 协同工作能力的传统路由设备，传统意义上的路由器会执行自己的计算操作并相互交换信息，而 PCEP 模型中的路由器充当 PCC，执行流量转发以及标签的添加与处理等操作，将所有的计算及路径决策进程都留给了 PCE。如果有多台 PCE 协同工作，那么也可以将 PCEP 作为这些 PCE 之间的通信协议。如果要从网络中学习链路状态数据库(Link State DataBase，LSDB)信息，那么就可以由 PCE 设备与网络中的设备建立被动内部网关协议(Interior Gateway Protocol，IGP)关系，但是这会限制 PCE 对网络区域边界的认知，因而提出了一种称为边界网关协议链路状态(Border Gateway Protocol-Link State，BGP-LS)的替代解决方案，BGP-LS 是一种新的边界网关协议(Border Gateway Protocol，BGP)扩展协议，可以向 PCE 提供 LSDB 信息[10]。

PCEP 基于 SDN 的流量工程用例设计，因而采用了流量工程扩展的资源预留协议(Resource Reservation Protocol-Traffic Engineering，RSVP-TE)、通用多协议标签交换的流量工程以及分段路由流量工程等协议，这些场景下的 PCEP、PCC 以及 PCE 的角色都相同。例如，PCC 可以请求 PCE 执行特定约束条件下的路径计算操作，而 PCE 则可以返回满足约束条件的可能路径。

3) BGP-FS

BGP-FS 是边界网关协议的一种补充协议，其定义了 BGP 路由器向上游 BGP 对等路由器通告流过滤规则的方法，流过滤规则包括匹配特定流量的标准以及对这些匹配流量执行的特定操作。BGP-FS 是一种标准协议，定义在 RFC 5575 中，得到了大量厂商的支持。BGP-FS 定义了一种新的 BGP 网络层可达性信息(Network Layer Reachability Information，NLRI)，可用来创建流规范。从本质上来说，流规范就是匹配条件，如源地址、目标端口、QoS 值以及数据包长度等。对于匹配流量来说，系统可以执行限速、QoS 分类、丢弃以及重定向到某个虚拟路由和转发(Virtual Routing and Forwarding，VRF)实例等操作。

对于 SDN 场景来说，SDN 控制器可以与转发设备建立 BGP 邻居关系，只要所有设备都支持 BGP-FS,那么就可以通过 BGP-FS 由控制器向这些设备发送流量过滤规则，从而控制转发行为。事实上，BGP-FS 的最初目的是解决重定向或丢弃分布式拒绝服务(Distributed Denial of Service，DDoS)攻击流量问题，该场景下的控制器检测到攻击之后指示面向攻击流量的路由器丢弃匹配流量或者将这些流量转移到流量清理设备中。

2. 北向接口

SDN 的北向接口(North-Bound Interface，NBI)位于控制平面和应用之间，其将控制器提供的网络能力和信息进行抽象并开放给应用层使用。因此，北向接口对应用的创新和 SDN 生态系统的繁荣起着至关重要的作用。网络业务开发者通过北向接口，以软件编程的方式调用数据中心、局域网、广域网等各种各样的网络资源。网络资源管理系统通过北向接口获知网络资源的工作状态并对其进行调度，以满足业务资源需求[11]。

因为北向接口是直接为业务应用服务的,所以其设计必须能够描述业务意图，具有良好的可操作性，而网络业务的复杂多样性又要求 SDN 北向接口是灵活的、可扩展的，以满足复杂多变的业务创新需求。因而，北向接口的设计是否合理、便捷,是否能够被业务应用广泛调用,会直接影响到 SDN 控制器厂商的市场前景。

与南向接口方面已有的 OpenFlow 等国际标准不同，北向接口方面还缺少业界公认的标准，主要原因是北向接口直接为业务应用服务，其设计需密切联系业务应用需求，具有多样化的特征，很难统一。目前市场上众多的 SDN 控制器都宣称遵循 RESTful 的接口规范[3]，下面简要介绍 RESTful API。

RESTful 是业界北向接口主流的实现方式。RESTful 不是一种具体的接口协议，而是指满足表现层状态转移(Representational State Transfer，REST)架构约束条件和原则的一种接口设计风格。换言之，满足 REST 约束条件的应用程序或设计就是 RESTful，符合 REST 约束条件的 API 就是 RESTful API。

RESTful 利用统一资源标识符定位资源，用 HTTP 动词(GET、POST、PUT、DELETE)描述操作，其主要的规范如下。

(1)资源。资源就是网络上的一个实体、一段文本、一张图片或者一首歌曲。资源总是要通过一种载体来反应它的内容。文本可以用 TXT，也可以用 HTML 或者 XML、图片可以用 JPG 格式或者 PNG 格式，JSON 是现在最常用的资源表现形式。

(2)统一接口。RESTful 风格的数据元操作(Create Read Update Delete，CRUD)与 HTTP 方法相对应，具体为：GET 用来获取资源，POST 用来新建资源(也可以用于更新资源)，PUT 用来更新资源，DELETE 用来删除资源，这样就统一了数据操作的接口。

(3) 统一资源标识符(Uniform Resource Identifier，URI)。可以用一个统一资源定位符(Uniform Resource Locator，URL)指向资源，即每个 URI 都对应一个特定的资源。要获取这个资源访问它的 URI 就可以，因此 URI 就成了每一个资源的地址或识别符。一般的，每个资源至少有一个 URI 与之对应，最典型的 URI 就是 URL。

(4) 无状态。即所有的资源都可以由 URI 定位，而且这个定位与其他资源无关，也不会因为其他资源的变化而变化。由 URL 与资源对应，可以通过 HTTP 中的方法得到资源就是典型的 RESTful 风格。

REST 规则的核心特征可以描述为：网络上的所有事物都可以被抽象为资源；每个资源都有唯一的资源标识，对资源的操作不会改变这些标识；所有的操作都是无状态的，客户和服务器之间通信的方法必须是统一化的。REST 针对网络应用设计和开发方式实现北向接口，降低了开发的复杂性，提高了系统的可伸缩性。

# 1.3　虚拟化网络

## 1.3.1　虚拟化概念

虚拟化是一种资源管理技术，是将计算机的各种实体资源(处理器、内存、磁盘空间、网络适配器等)予以抽象、转换后呈现出来，并可供分割、组合成一个或多个电脑配置环境[12,13]。虚拟化技术通过引入虚拟化层，打破实体结构间不可切割的障碍，使用户可以得到比原本更好的配置方式来应用这些硬件资源。虚拟化对下管理真实的物理资源，对上提供虚拟的计算资源，这些资源的新虚拟部分不受现有资源的架设方式、地域或物理配置所限制[14]。虚拟化技术原理如图 1.3 所示。

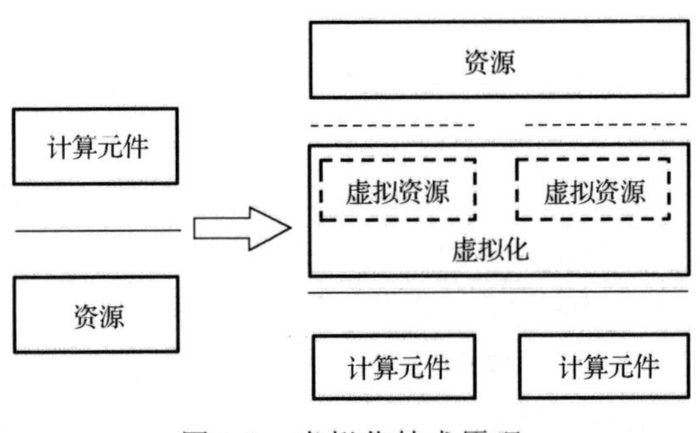


图 1.3　虚拟化技术原理

虚拟化技术的类别可按抽象程度进行分类，按照抽象程度的不同，常常把虚拟化技术分为五个层次。

1. 指令集架构等级的虚拟化

指令集架构的虚拟化是通过软件来模拟不同架构的处理器、存储器、总线、磁盘控制卡、计时器等多个输入/输出(Input/Output，I/O)设备，软件会将虚拟机所发出的指令转换为本机可以操作的指令，在现有的硬件上运行。这种等级的虚拟化对于模拟相同处理器架构的平台可以提供很好的兼容性，例如，X86 架构、可扩展处理器架构(Scalable Processor Architecture，SPARC)、阿尔法(Alpha)架构[15]。

若主机处理器可以运行由虚拟机转换出来的指令，或是使用相同的指令集来完成任务，那么就表示除了处理器以外的操作系统、I/O 设备皆可不受特定平台所绑定，但由于虚拟机的每条指令都必须通过软件来模拟，所以会有较大程度的性能耗损。代表性的有开源模拟器 Bochs 和虚拟操作系统模拟器 QEMU。

2. 硬件抽象层等级的虚拟化

硬件抽象层等级的虚拟化是由虚拟机监视器来隐藏不同厂商的处理器、存储器、芯片组等特征，为这些虚拟机提供抽象与统一的虚拟平台。运行此平台的计算机称为主体机器，而在此平台中运作的虚拟机称为客体机器。

当前大多数 X86 平台的商业计算机都在使用这种虚拟化，最主要是由于现今处理器厂商提供了硬件辅助虚拟化技术，例如，英特尔公司的虚拟化技术(Intel Virtualization Technology，Intel VT)、美国超微半导体公司的虚拟化技术(AMD Virtualization，AMD-V)皆提供虚拟机直接存储器访问以及对各种外设部件互连标准(Peripheral Component Interconnect，PCI)接口的直接访问功能。代表性的有 VMware_ESXi、Hyper-V、Virtualbox 和 Citrix[16-18]。

3. 操作系统等级的虚拟化

操作系统内核虚拟化可以最大限度地减少新增虚拟机的需求，在这个等级的虚拟机共享实体主机上的硬件和操作系统，呈现彼此独立且隔离的虚拟机环境[19]。应用软件的环境是由操作系统、库、相依性软件、特定于系统的数据结构或文件系统，如新技术文件系统(New Technology File System，NTFS)或第三代扩展文件系统，以及其他环境设置所组成。如果这些都保持不变，应用软件很难发现与真实环境的区别。这是所有操作系统等级虚拟化的关键思路。代表性的有应用容器引擎 Docker、虚拟专用服务器(Virtual Private Server，VPS)以及基于内核的虚拟机(Kernel-based Virtual Machine，KVM)。

4. 编程语言等级的虚拟化

传统计算机是由指令集架构所驱动的一种机械语言，硬件的操作由特殊的I/O指令处理，也可以通过区块映射来操作存储器，此等级的虚拟化会将高级语言转译成一种名为字节码的语言，通过虚拟机转译成为可以直接运行的命令。跨操作系统平台、跨语言皆为其优点。代表性的有Oracle Java、Microsoft. NET、Parrot。

5. 库等级的虚拟化

大部分的应用程序都是基于由许多库组成的API来设计的，使用动态链接的方式用于隐藏操作系统的细节，目的是提供程序员更简单的工作。这也产生了一种新的虚拟化方式，使用不同的API与不同操作系统底层的应用程序二进制接口(Application Binary Interface，ABI)来进行虚拟化的工作。代表性的有兼容层以及适用于Linux的Windows子系统(Windows Subsystem for Linux，WSL)。

### 1.3.2 虚拟化发展历史

目前世界各地的数据中心都在研究虚拟化技术，希望以此来提高数据中心的工作效率。虚拟化不但已经是一种很热门的技术，而且还是各大企业在追求企业效率和信息化中寄予期望最高的技术。虚拟化技术并不是今天才有的技术，而是经历了漫长的发展历程，简单地将虚拟化技术的发展历程分为三个阶段[10,20]。

1. 虚拟化1.0阶段

虚拟化技术发展之初，由于硬件水平的限制，只能应用在大型机上，主要专注于：服务器资源的整合，提高服务器资源的利用率，降低IT的总体成本；提高运营效率，部署时间从小时级到分钟级；提高服务水平，将所有的服务器作为大的资源统一进行管理，自动进行资源调配，无中断地扩需扩容。

这一阶段主要包括的重大事件如下。

1) 概念提出

1959年，文献[21]提出了虚拟化的基本概念，使用虚拟化技术来进行大型机硬件的分区。这被认为是虚拟化技术的最早论述，可以说虚拟化作为一个概念被正式提出即是从此时开始。

2) 虚拟化技术的雏形

1963年秋，由贝尔实验室、麻省理工学院及美国通用电气公司共同参与研发，一套安装在大型主机上多人多任务的操作系统，以兼容分时系统作为基础，建置在美国通用电力公司的大型机 GE-645。目的是连接 1000 部终端机，支持 300 个用户同时上线。

3) 开发应用

最早在商业系统上实现虚拟化的是 IBM 在 1965 年发布的 IBM7044。他们为系统的每一部分建立一个 7044 镜像。每个镜像称为 7044/44X，它允许用户在一台主机上运行多个操作系统，让用户尽可能充分地利用昂贵的大型机资源。这是 IBM 虚拟机概念的开端。他们认为，虚拟机就是真实机器的副本，只是内存减少了。这也是最早在商业系统上实现的虚拟化。随后虚拟化技术一直只在大型机上应用，而在个人计算机(Personal Computer，PC)服务器的 X86 平台上仍然进展缓慢。主要是因为，以当时 X86 平台的处理能力难以将资源分给更多的虚拟应用。

4) 蓬勃发展

随着 X86 平台处理能力的强劲增长，1999 年，VMware 在 X86 平台上推出了可以流畅运行的商业虚拟化软件。从此虚拟化技术终于走出大型机的局限，来到 PC 服务器的世界之中。在随后的时间里，虚拟化技术在 X86 平台上得到了突飞猛进的发展。尤其是中央处理器(Central Processing Unit，CPU)进入多核时代之后，PC 具有了前所未有的强大处理能力，终于到了考虑如何有效利用这些资源的时候了。

2005 年，英特尔就宣布了其初步完成的虚拟化技术 Vanderpool 外部架构规范，并称该技术可帮助改进未来虚拟化。11 月，英特尔发布了新的志强多处理器(Xeon Multiprocessor，Xeon MP)7000 系列，X86 平台历史上第一个硬件辅助虚拟化技术也随之诞生。这一里程碑式的事件也拉开了 X86 平台普遍虚拟化计算的帷幕。

2005 年，XenSource 公司发布 Xen3.0 虚拟机监视器，这是 Xen 真正意义上的第一个版本。该版本的 Xen 能在 32 位的服务器上运行，也是第一个需要 Intel VT 技术支持的版本。

2. 虚拟化 2.0 阶段

从 2006 年到现在，可以说是进入了虚拟化技术的爆发期。诸多厂商如雨后春笋般涌现，随着 Intel VT 技术的发展与成熟，虚拟化技术的发展越来越普遍，同时更注重虚拟化技术的敏捷性，虚拟化技术也进入了 2.0 阶段。

该阶段的主要特点是：敏捷的资源管理，应用快速部署；实现应用可移动性，最优化资源调配；虚拟机资源动态伸缩。

(1) 虚拟机热迁移：虚拟机在多台物理服务器之间进行透明移动，业务不中断，实现跨物理机的错峰消谷，实现动态负载均衡，动态节能管理。

(2)弹性伸缩：虚拟机之间可以动态共享资源，实现物理机内的错峰消谷。

(3)虚拟机快照：对系统的内存和存储进行快照保存，方便故障现场的重现。

2006年以后，英特尔和美国超微半导体公司都逐渐推出了带有硬件虚拟化支持的处理器，如Intel VT技术和AMD-V技术，进而从根本上保证了X86架构是一个可虚拟化的架构。两家公司不约而同地采用硬件辅助的完全虚拟化策略。与之前的软件实现的虚拟化技术相比，该策略大大提升了虚拟化平台的性能。

3. 虚拟化3.0阶段

随着云计算技术发展越来越成熟，结合云计算的虚拟化技术不断进行纵横延伸，虚拟化进入了3.0阶段，这个阶段主要是应用虚拟化阶段，推出可以商业应用的成熟虚拟化产品。

2006年，谷歌推出“Google 101计划”，首次提出了云计算的概念和理论。这种新型的计算机资源交付及使用模式，可以通过网络向大规模用户透明地提供按需、弹性、高效用的多租户服务。2019年，谷歌调查了世界各地1100名商业以及IT决策者，发布了未来10年云计算发展趋势，有77%的受访者认为，企业将在2029年于关键应用上导入云计算运算，且有超过一半的受访者认为，云计算运算将会结合边缘计算技术，且由于云计算的发展，连带的企业文化以及开发方法也随之改变。

2019年7月，Docker CE 19.03正式发布，主要内容包括无需root权限、支持GPU的增强功能和CLI插件更新等，允许非root用户运行守护程序，启用Rootless模式可以防止攻击者夺取主机的root权限，即使Docker存在漏洞或设置错误。该版本的发布，极大增强了Docker的安全性，被广泛运用到华为、中兴、谷歌等产品开发中。

2019年10月，OpenStack平台发布第20个版本Train，包括Canonical/Ubuntu、SUSE、VMware和Red Hat等多家供应商，提供商业支持的OpenStack产品。此外，还有多个由OpenStack提供支持的云服务，包括Oracle、Rackspace、Telefonica、OVH、vScaler和City Network。Train进一步加大了对人工智能和机器学习的支持。针对数据中心内部署的AI加速器(GPU、FPGA、ASIC)显著增长，在Train版本中新增了Cyborg(加速器资源)-Nova(计算资源)交互模块，CPU与加速器资源可以自由相互调用，从而实现了完整的AI云技术框架。

云计算是虚拟化技术成熟的系统解决方案，下面介绍当前主流的云计算平台。

1)开源云操作系统OpenStack

OpenStack是一个开源的云计算管理平台项目，项目目标是提供实施简单、可大规模扩展、标准统一的云计算管理平台，为公有云及私有云的建设与管理提供软件支持。OpenStack 覆盖了网络、虚拟化、操作系统、服务器等各个方面。它是一个正在开发并不断完善的云计算平台项目，通过各种互补的服务提供了基础设施即服务的解决方案。OpenStack 支持几乎所有类型的云环境[22]。其包含的主要服务组件如下。

计算服务，服务名称为 Nova，一套控制器。用于单个用户或使用群组管理虚拟机实例的整个生命周期，根据用户需求配置虚拟机 CPU、内存等信息规格。负责虚拟机创建、开机、关机、挂起、暂停、调整、迁移、重启、销毁等操作，自 Austin 版本集成到项目中。

对象存储服务，服务名称为 Swift，一套对象存储的系统。用于在大规模可扩展系统中通过内置冗余及高容错机制实现对象存储，允许进行存储或者检索文件。可为 Glance 提供镜像存储，为 Cinder 提供卷备份服务。自 Austin 版本集成到项目中。

镜像服务，服务名称为 Glance，一套虚拟机镜像查找及检索系统。支持多种虚拟机镜像格式(AKI、AMI、ARI、ISO、QCOW2、RAW、VDI、VHD、VMDK)，有创建上传镜像、删除镜像、编辑镜像基本信息的功能。自 Bexar 版本集成到项目中。

身份服务，服务名称为 Keystone。为 OpenStack 其他服务提供身份验证、服务规则和服务令牌的功能，管理 Domains、Projects、Users、Groups、Roles。自 Essex 版本集成到项目中。

网络与地址管理服务，服务名称为 Neutron。提供云计算的网络虚拟化技术，为 OpenStack 其他服务提供网络连接服务。为用户提供接口，可以定义 Network、Subnet、Router，配置 DHCP、DNS、负载均衡、L3 服务，网络支持通用路由封装(Generic Routing Encapsulation，GRE)、虚拟局域网(Virtual Local Area Network，VLAN)。插件架构支持许多主流的网络厂家和技术，如 OpenvSwitch。自 Folsom 版本集成到项目中。

块存储服务，服务名称为 Cinder。为运行实例提供稳定的数据块存储服务，它的插件驱动架构有利于块设备的创建和管理，如创建卷、删除卷，在实例上挂载和卸载卷。自 Folsom 版本集成到项目中。

界面服务，服务名称为 Horizon。OpenStack 中各种服务的 Web 管理门户，用于简化用户对服务的操作，例如，启动实例、分配 IP 地址、配置访问控制等。自 Essex 版本集成到项目中。

监控计量服务，服务名称为 Ceilometer。能把 OpenStack 内部发生的几乎所有的事件都收集起来，然后为计费和监控以及其他服务提供数据支撑。自 Havana 版本集成到项目中。

部署编排服务，服务名称为 Heat。提供了一种通过模板定义的协同部署方式，实现云基础设施软件运行环境(计算、存储和网络资源)的自动化部署。自 Havana 版本集成到项目中。

数据库服务，服务名称为 Trove。为用户在 OpenStack 的环境提供可扩展和可靠的关系和非关系数据库引擎服务。自 Icehouse 版本集成到项目中。

2) 华为云操作系统 FusionSphere

FusionSphere 是华为打造的开放、信息与通信技术融合高性能、低时延的云操作系统。其集虚拟化平台和云管理特性于一身，使云计算平台建设和使用更加简捷，专门满足企业和运营商客户云计算的需求，能够促进未来电信网络转型成为以数据中心为中心、软件定义、虚拟化、云化的开放、融合的网络。华为 FusionSphere 架构如图 1.4 所示[23]。

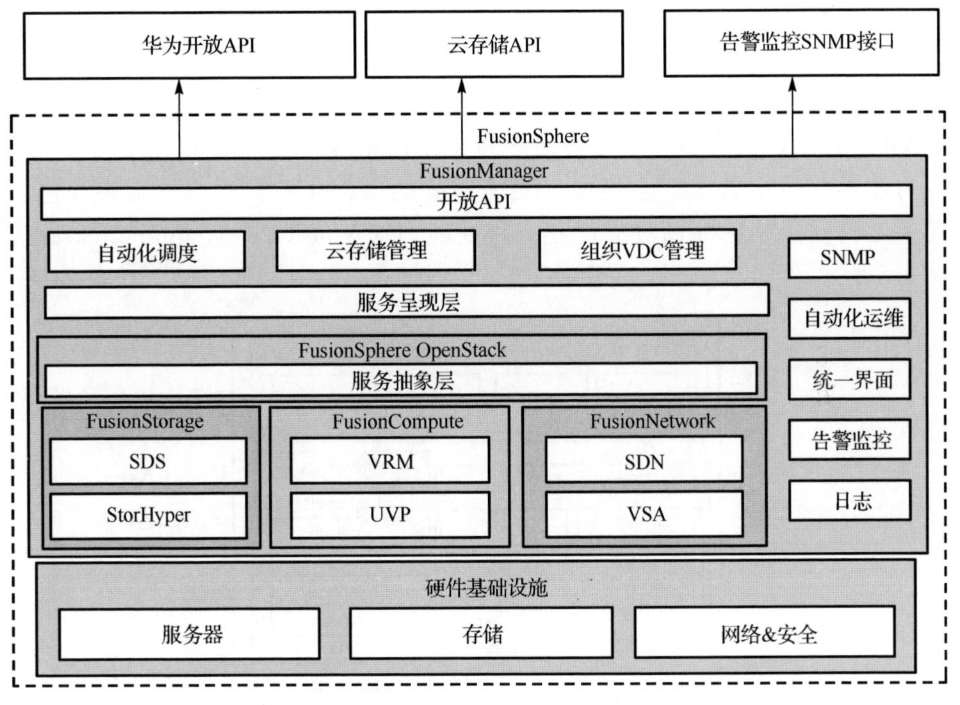


图 1.4　华为 FusionSphere 架构

FusionSphere 将存储、服务器、网络和安全等基础设施资源虚拟化形成 IT 弹性资源池，实现统一调度管理，并利用可视化业务模板，实现一键式应用部署和高效运维，可以管理异构的基础设施硬件和上层的虚拟机监视器以及管理软件，并支持业务的容灾和备份。FusionSphere 吸收了 OpenStack 架构的开放性、标准性和灵活性，具备电信网络要求的高性能和高稳定性，能提供安全实时的业务保障，同时确保操作简单高效。

FusionCompute 是云操作系统基础软件，主要由虚拟化基础平台和云基础服务平台组成，主要负责硬件资源的虚拟化，将计算、存储和网络资源划分为多个虚拟机资源，为用户提供高性能、可运营、可管理的虚拟机，支持虚拟机资源按需分配，支持 QoS 策略保障虚拟机资源分配，实现对虚拟资源、业务资源、用户资源的集中管理。

FusionManager 云管理等组件支持机框、服务器、存储设备和交换机等物理设备的管理，同时管理员可以统一管理不同系统提供的虚拟资源，包括虚拟机资源、虚拟网络资源和虚拟存储资源等。FusionManager 可以灵活部署在虚拟机或专门的物理服务器上，通过统一的接口，能以资源池的方式集中调度和管理底层虚拟化中的计算、网络和存储资源。为用户创建虚拟机分配资源，并对虚拟机进行管理，提升运维效率，保证系统的安全性和可靠性。

3) WindRiver Titanium Server

WindRiver 运营商级虚拟化网络产品 Titanium Server 将虚拟化与云计算相结合，为业界提供了首款完全集成、功能完善的虚拟化软件平台，能够为电信网络提供运营商级别的超高可靠性和卓越性能[24]。WindRiver Titanium Server 架构如图 1.5 所示。

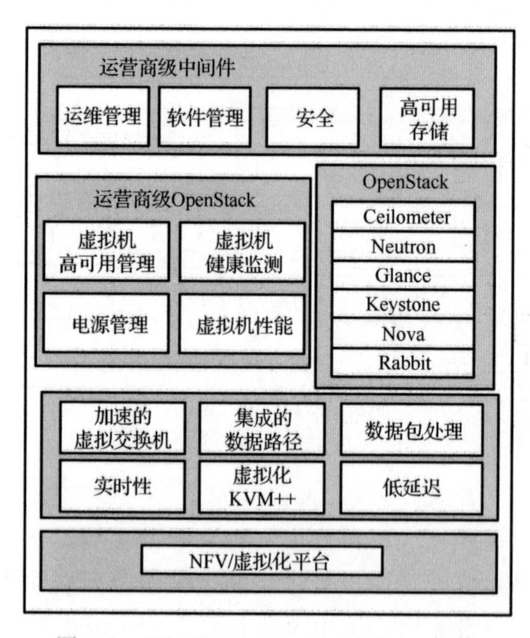


图 1.5　WindRiver Titanium Server 架构

Titanium Server 是一个应用就绪型软件平台，可以让虚拟化基础设施达到电信网络要求的电信级别，即 99.9999%的高可靠性。Titanium Server 具有一系列完整的技术套件，包括电信级别的 WindRiver Linux、性能优化的实时虚拟机、电信级别性能增强的 OpenStack 和英特尔数据层开发工具(Intel Data Plane Development Kit，Intel DPDK)，以及加速的虚拟交换机(Virtual Switch，vSwitch)技术。

4. 网络功能虚拟化阶段

云计算兴起以及电信 IT 化的发展趋势，通信运营商提出的一种新型的网络构架方式，即网络功能虚拟化(Network Function Virtualization，NFV)。NFV 通过硬件最小化来减少依赖硬件，其实质是将网络功能从专用硬件设备中剥离出来，实现软件和硬件解耦后的各自独立，基于通用的计算、存储、网络设备并根据需要实现网络功能及其动态灵活的部署。由此带来两大好处，一方面基于 X86 标准的 IT 设备成本低廉，能够为运营商节省巨大的投资成本；另一方面软硬件解耦，可实现新业务的快速开发和部署，同时开放的 API 接口能够帮助运营商获得更多、更灵活的网络能力。

NFV 概念自提出之后，已经在标准化实现和影响力方面飞速发展，并已经融合了 SDN 的部分控制功能设计，将成为下一代网络的革新技术。越来越多的运营商关注和部署 NFV，最近几年成为 NFV 快速发展期，更多的标准组织和相关标准被制定，运营商将推动厂商进行广泛部署，市场规模不断扩大。直至最后，形成全新的生态环境和产业链，运营商的管理研发体系与设备商的关系发生改变，CT 和 IT 融合将更加深入。

### 1.3.3　网络功能虚拟化标准化进程

在 NFV 变革的浪潮之下，电信运营商在积极探索新的技术道路的同时，也在极力推动标准的制定。2012 年，7 家全球主流运营商联合发布了 NFV 的技术白皮书。同年 11 月，网络功能虚拟化行业规范组(Network Function Virtualization Industry Specification Group，NFV ISG)正式成立，隶属欧洲电信标准化协会(European Telecommunications Standards Institute，ETSI)，旨在创建开放、可互操作的 NFV 生态系统，加速运营商网络创新，目前已有超过 220 多家网络运营商、电信设备供应商、IT 设备供应商以及技术供应商参与。NFV ISG 的目标是提供标准研究，明确定义、需求、架构和技术挑战。

ETSI 为 NFV 制定了参考架构，以便所有参与者可以依照共同的框架完成相关研发工作，如图 1.6 所示。参考框架是可扩展的，可以从最基本的设计和功能开始一直延伸到能容纳极端网络流量的配置，参考架构包括了完整的网络功能虚拟化基础设施(Network Function Virtualization Infrastructure，NFVI)、虚拟设施管理器(Virtualization Infrastructure Manager，VIM)、网络功能虚拟编排(Network Functions Virtualization Orchestrator，NFVO)与虚拟网络功能管理器(Virtualized Network Function Manager，VNFM)，以及业务与运营支持系统(Business Support System/Operation Support System，OSS/BSS)层和网络功能层。其中，网络功能层中的虚拟网络功能(Virtualized Network Function，VNF)，由网元管理功能(Element Management，EM)进行业务层面管理，就逻辑功能而言与物理网络功能(Physical Network Function，PNF)相同，因此在 ETSI 中没有做进一步的规范。

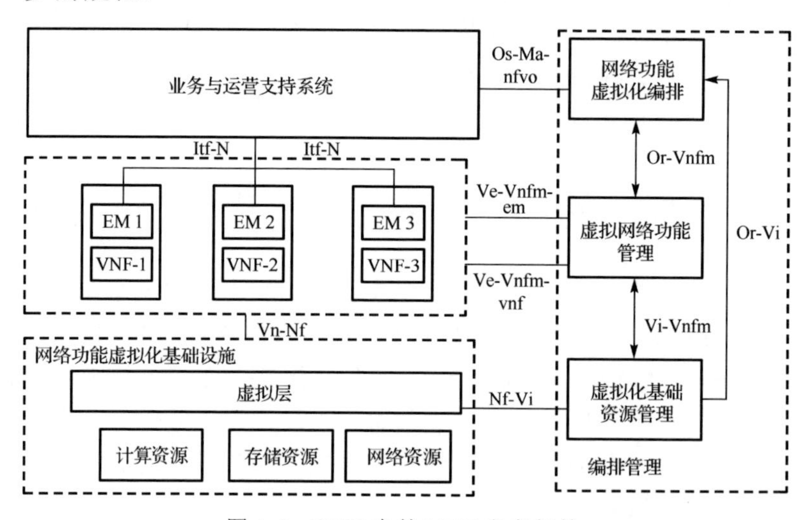


图 1.6 ETSI 中的 NFV 参考架构

除了 ETSI 开展了相关的研究和标准化工作外，第三代合作伙伴计划(3rd Generation Partnership Project，3GPP)电信网管系统研究第 5 工作组在 2015 年完成了 NFV 网管的研究与相关标准的制定。国际电信联盟也有相关的研究课题研究网络功能虚拟化。在传统标准化工作开展的同时，开源组织也对 NFV 进行了积极推动。

在 ETSI 参考框架的基础之上，各个公司、运营商结合自身在电信行业和 IT 行业的专业能力，深度挖掘电信运营商的需求，将 NFV 的不同组件整合在一起，形成完整的、开放的、标准的、电信级 NFV 解决方案。由 AT&T、中国移动、戴尔、惠普等运营商和设备商与 Linux 基金会合作，联合发起成立了 NFV 开放平台项目(OPNFV)的开源组织，旨在通过开源组织的力量，开发符合 NFV 需求和架构的虚拟资源层软件，构建一个完整的 NFV 实现标准。OPNFV 于 2020 年发布了第 9 个版本 Iruya，通过测试工具、脚本和自动化为网络虚拟化铺平道路。其 NFV 参考架构如图 1.7 所示。

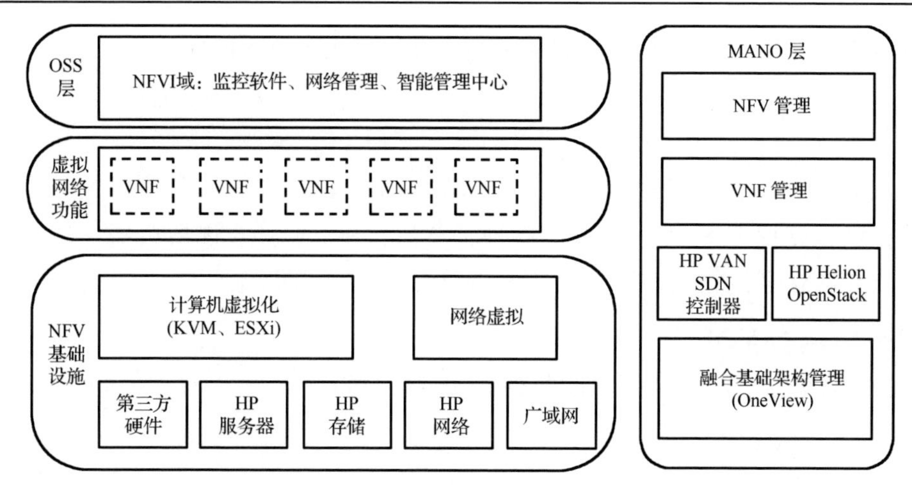


图 1.7　OPNFV 的 NFV 参考架构

在整个 NFV 的生态系统中，运营商希望能够根据自己的业务需求和实际情况，灵活选择 NFV 框架每一个组件的合作伙伴。然而，无论是在基础架构层，还是在虚拟网络功能应用或者管理和功能编排层，不同的合作伙伴在实现 NFV 框架内的每个模块的方法都不尽相同。最终的 NFV 架构可能集成了多方合作伙伴的技术和产品。这些合作伙伴所提供的产品、解决方案是否足够开放，并且是否可以在多厂商的环境中运行良好，将会直接影响到 NFV 的结果。因此，无论是运营商还是参与其中的供应商，都需要一个开放的生态系统来确保 NFV 转型的成功。

### 1.3.4　网络功能虚拟化协议

NFV ISG 发布了 ETSI GS NFV-SOL 系列文档，定义了各个接口的标准协议规范，推动了 NFV 架构的接口完善。2018 年，NFV ISG 发布了 ETSI GS NFV-SOL 001，定义了 VNF 部署模板，在虚拟化技术中融合了网络对 SDN 技术的需求，这个新标准为开放式生态系统提供了基础。NFV 架构如图 1.6 所示，对应图上各个接口，简要介绍接口协议。

#### 1. Ve-Vnfm-Em 接口

1) EM 向 VNFM 提供的接口

(1) VNF 生命周期管理状态变化通知，如 VNF 实例化结果，扩容、缩容的结果等。

(2) 将 NFVI 的性能、故障、状态数据转发到 EM。

2) VNFM 向 EMS 提供的接口

(1) 向 VNFM 发起 VNF 生命周期管理相关请求，如扩容/缩容请求。

(2) 将业务/虚拟资源状态、性能、故障数据上报到 VNFM。

### 2. Vnfm-Vi 接口

#### 1) VIM 向 VNFM 提供的接口

(1) VNFM 向 VIM 发起创建、查询、监控、释放、迁移虚拟机请求。

(2) VNFM 通过该接口设置虚拟机网络拓扑和路由机制。

#### 2) VNFM 向 VIM 提供的接口

将物理/虚拟资源状态、性能数据、配置信息等上报。

### 3. Vi-Nf 接口

#### 1) NFVI 向 VIM 提供的接口

(1) VIM 通过该接口向 Hypervisor 执行虚拟机管理，包括创建、释放、配置、监控等。

(2) VIM 通过该接口通知 Hypervisor 执行虚拟机动态迁移。

(3) VIM 通过该接口向网络 Switch/Route 配置路由表、QoS 参数等。

#### 2) VIM 向 NFVI 提供的接口

(1) 将 NFVI 资源相关的配置上报。

(2) 物理服务器向 VIM 上报资源使用情况，如 CPU、内存、HD 资源使用率、负荷。

(3) 物理服务器向 VIM 上报物理服务器故障。

(4) 网络 Switch/Route 向 VIM 上报网络状况，如时延、抖动、丢包率、 CPU 负荷等。

### 4. Or-Vi 接口

#### 1) VIM 向 NFVO 提供的接口

用于实现 NFVI 资源预留、释放、查询。

#### 2) NFVO 向 VIM 提供的接口

将 NFVI 资源状态、故障告警、性能数据、配置信息等上报。

### 5. Or-Vnfm 接口

#### 1) VNFM 向 NFVO 提供的接口

(1)VNF 生命周期管理过程中关联的资源请求处理结果，如预占、分配、调整、释放等。

(2)与 VNF 相关的资源状态、故障、告警。

2)NFVO 向 VNFM 提供的接口

(1)VNF 生命周期管理过程中所涉及的资源请求，如预占、分配、调整、释放等。

(2)NFVO 对资源请求进行鉴权、确认、预留、分配，以确保 VNF 能按要求获取资源；此请求包含资源部署关系，如 VM 部署之间共框不共板。

### 6. Os-Ma-nfvo 接口

1)NFVO 为 OSS 提供的接口

(1)规划和注册 NFV Network Service(含 VNF 类型、数量、网络连接等)和 VNF 服务。

(2)NFV Network Service 生命周期管理，部署(实例化)、更新、查询、扩容/缩容、终结等。

(3)VNF 生命周期管理，部署(实例化)、更新、查询、扩容/缩容、终结等。

(4)配置 NFV Network Service 实例、VNF 实例、NFVI 资源的管理策略。

(5)主动下发收集业务、进行资源的统计、故障分析、数据分析的请求。

2)OSS 为 NFVO 提供的接口

上报 NFV Network Service 实例、VNF 实例和 NVFI 资源的状态、计费、故障告警、性能数据等信息。

## 1.4　软件定义网络与虚拟化的关系

软件定义网络始于园区网络，成熟于数据中心，实现网络功能和硬件设备解耦，提供一种集中控制的网络架构。软件定义网络将控制平台与数据平台区分开来，为分布式网络提供一个集中视图，从而带来更高效的编制和自动化服务，并通过开放标准接口使得网络可以执行程序化行为[25]。

虚拟化是一种实现软件功能共享硬件资源的技术。其利用大容量服务器、交换机和存储硬件的加速虚拟技术来实现计算传输、存储等资源层面虚拟化，为上层的工作于有线和无线网络设施中的数据处理面和控制面提供资源能力。

软件定义网络与虚拟化技术互相独立，二者侧重点各不相同。软件定义网络侧重于软硬件解耦、数据控制分离与可编程性，虚拟化侧重于硬件的抽象虚拟化。两种技术的对比如表 1.1 所示。

**表 1.1　软件定义网络与虚拟化技术对比**

| 技术 | 软件定义网络 | 虚拟化 |
| --- | --- | --- |
| 产生原因 | 分离控制和数据平面，中央控制可编程网络 | 提高服务器资源利用率 |
| 起始目标 | 校园网络、数据中心 | 计算中心 |
| 目标设备 | 商用服务器和交换机 | 商用服务器和交换机 |
| 初始化应用 | 基于云协调器和网络 | QEMU、KVM、Xen |

软件定义网络与虚拟化技术又相互促进。一方面，通过软件定义技术实现软硬件解耦，基于控制与数据分离的架构灵活地定义软件功能，将软件化的功能利用虚拟化平台进行承载，按需为软件功能提供虚拟化的资源能力。另一方面，传统的虚拟化部署需要手动逐跳部署，其效率低下，人力成本很高。而在数据中心等场景中，为实现快速部署和动态调整，必须使用自动化的业务部署。SDN 交换机的出现给虚拟化业务部署提供了新的解决方案。通过集中控制的方式，网络管理员可以通过控制器的 API 来编写程序，从而实现自动化的业务部署，大大缩短业务部署周期，同时也实现按需动态调整，降低 IT 运维成本[26]。基于 SDN 的虚拟化平台如图 1.8 所示。虚拟化平台处在物理网络与虚拟网络中间，即数据网络拓扑和租户控制器之间的中间层。面向数据网络拓扑，虚拟化平台就是控制层面；而面向租户控制器，虚拟化平台充当数据平面角色，将模拟出来的虚拟网络呈现给租户控制器[27]。

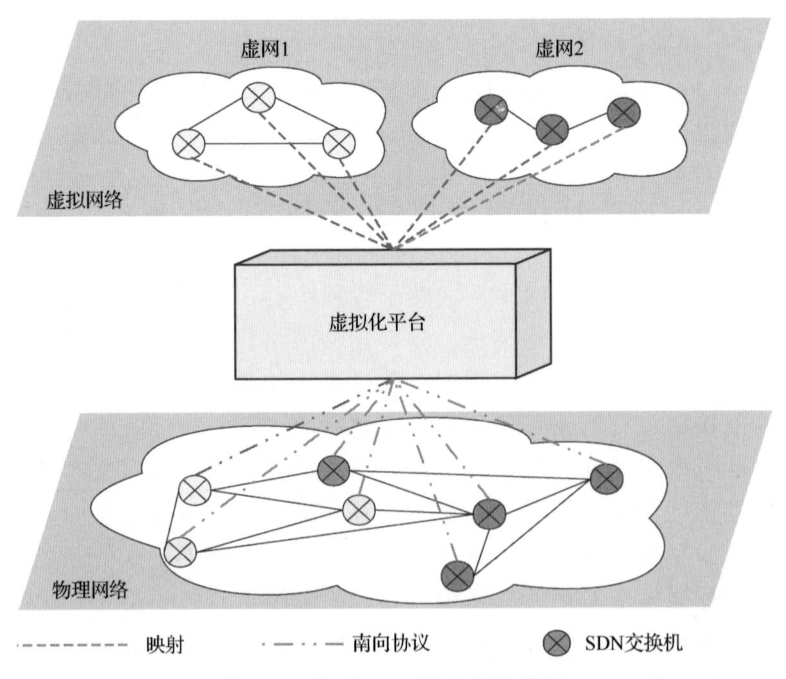


图 1.8　基于 SDN 的虚拟化平台

软件定义网络和虚拟化技术，是未来网络发展的两大核心支撑技术，它们的目标都是推进以软件化、软件控制为基础的网络演进，以便带来更为出色的网络扩展性、敏捷特性和创新性，更好地协调和支持系统要求，将网络转向由软件驱动而非硬件驱动，目的是建立一个更灵活、可靠和创新的网络。如图1.9所示，两大技术结合开放式创新应用，未来将支持更高效的网络服务编制化、虚拟化和自动化。

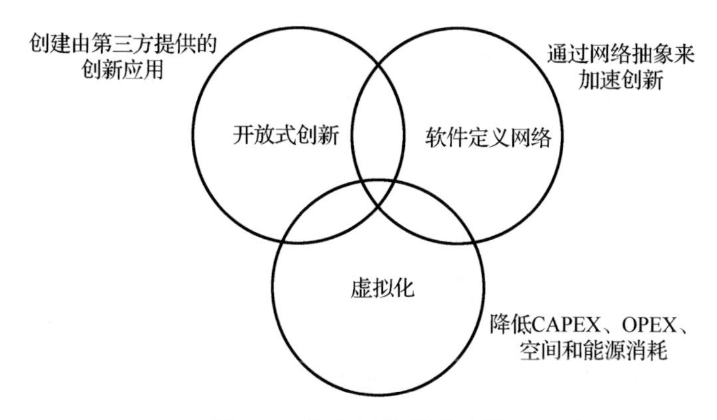


图1.9　未来网络演进支撑

### 1.4.1　软件定义网络的优势

SDN作为一种新型的网络架构，核心目的在于降低网络的复杂性，提升网络的灵活性，其优势主要体现在以下方面。

1) 可编程性与自动化

通过应用程序来控制网络的能力是SDN一个重要的优势，当前的网络需要具备更强大的网络恢复能力、大规模的可扩展性、更快速的部署机制以及运营费用的优化能力，但是人工处理流程无法提供快速处理机制，因而整个网络的运营不得不放慢速度，最大限度地使用自动化工具和应用程序已成为满足网络需要的必备条件，需要自动化和可编程能力来支持网络的随需配置、设备数据的监控与解析，而且还需要根据流量负荷情况、网络中断情况以及网络中发生的已知和未知事件进行实时更改。传统意义上，厂商提供的解决方案主要面向它们自己的设备或操作系统，有时也会对外部设备提供有限的支持能力，根据网络上的逻辑和约束条件做出决策。

SDN将应用程序与网络相耦合，解决了手动控制与管理流程存在的问题。由于SDN将智能放在集中的控制设备(即SDN控制器)上，所以可以直接在控制器中构建自动响应预期事件和意外事件的程序及脚本。作为可选方式，应用程序也可以运行在控制器之上，利用北向接口将逻辑传递给控制器，并最终传递给转发设备。应用程序可以处理故障和越来越多的管理需求，实现故障的快速解决与恢复。这种方法可以显著减少服务宕机时间、缩短配置时间，并提高设备与网络运营人员的比例，从而最大限度地降低运营成本。

2) 支持集中控制

控制平面集中化之后，可以更加容易地获得所有重要信息，控制逻辑的实现也就显得较为简单。SDN 可以实现网络视图的统一化，简化网络控制逻辑，降低操作复杂性及维护成本。

3) 多厂商和开放式架构

SDN 采用了标准化协议，因而打破了对供应商特定控制机制的依赖性。传统供应商提供的设备访问及设备配置方法都是专有方法，不易编程，而且在开发应用程序和脚本实现某些配置及管理过程自动化时会遇到很多障碍，特别是在混合供应商(甚至是混合操作系统)环境中，应用程序必须考虑设备接口的变化和差异。此外，如果供应商在实现标准的控制平面协议时存在差异(可能是解析差异)，那么就可能会导致互操作性问题。这些挑战长期存在于传统网络中，但是 SDN 将设备的控制平面释放出来，仅留下数据平面，从而潜在解决了混合供应商部署环境下的控制平面互操作性问题。

4) 简化网络设备

网络设备的控制平面通常会占用大量网络资源(尤其是运行了多种协议的网络设备)，并在这些协议之间传递各种信息(如内部路由、外部路由和标签等)，然后在本地存储这些信息，同时还运行其他协议逻辑以利用数据进行路径计算，这些操作都会给设备带来不必要的开销，并限制其扩展性和性能。SDN 将这些开销都从设备中剥离，让网络设备专注于主要职责(转发数据)，将设备的处理资源和内存资源释放出来，从而大大降低了设备成本，简化了软件实现，获得了更好的可扩展性，实现设备资源的最佳利用。

SDN 有一系列的优势，对于企业来讲，真正让 SDN 具有重要意义的主要有三大因素：自动化、快速应用部署和简单的网络管理。

SDN 为复杂的网络带来了更高的自动化。希望在公有云环境内运行应用的企业通常会使用一个自助门户来手动提供所需的资源。这不仅耗时费钱财，还会使企业网络因为人为导致的错误配置而受到攻击。通过 SDN，客户只需要选择自己想要在云中运行的应用和必要的资源。通过编排，智能控制平面利用计算、存储和网络资源的最佳配置直观地快速部署服务并扩展应用。企业不必手动配置交付应用所需的计算、存储和网络资源，应用能够更快上线并运行新服务。除了易于部署上线，SDN 还可快速响应不断变化的业务，并缩短新产品进入市场的时间。

SDN 将大大改变网络基础架构的配置和管理方式。通过把控制功能和网络其他部分分离开来，SDN 以全局视角管理网络环境。各个业务不会再孤立地运行，可以从全局形成智能管控平台，从而把握全网的业务状态。

### 1.4.2　网络功能虚拟化的优势

NFV 通过向服务供应商授权，允许将网络功能从专用设备移动到通用服务器，以此来减轻网络负担。NFV 使用标准 IT 虚拟化技术，旨在基于工业标准的大容量服务器，部署各种网络设备，这样可以让网络更敏捷更有效。NFV 还具有灵活、成本效益高、可扩展和安全的特点。

1) 降低成本

成本是许多运营商或服务供应商们首先要考虑的，参考谷歌和其他部署大型数据中心的公司，使用现成的商用芯片来降低成本。成本也反映在运营支出中，指的是部署和维护网络服务的支出。由于网络功能是软件实现的，虚拟化消除了网络功能和硬件之间的依赖性，所以可以将这些功能移动到网络的各个位置，而不需要安装新的设备。这意味着运营商和服务供应商不需要部署很多硬件设备，可利用大量廉价、高容量服务器基础设施。基于虚拟化技术来部署网络功能，大大降低了系统部署成本。

2) 灵活与安全

安全问题一直是网络的一大主要挑战，运营商想要对网络进行预配置和管理，同时又要允许用户在其网络上安全地运行自己的虚拟空间和防火墙。NFV 的特性使网络和服务预配置更加灵活。而这又可以让运营商和服务供应商快速地调整服务规模以应对用户的不同需求。这些服务在任何符合行业标准的服务器硬件上，通过软件应用来提供，而最重要的一点就是安全网关。与购买硬件设备不同，服务供应商可以轻松地采用与设备相关的功能，然后将其以虚拟机的形式对外提供。

## 1.5　软件定义与虚拟化的无线网络

软件定义与虚拟化是移动通信网络演进的一种趋势。为了支持业务快速部署，降低网络建设运维成本和复杂度，满足未来业务差异化、定制化需求，提升运营商竞争力，无线网络采用通用硬件平台，基于软件定义与虚拟化技术实现软硬件解耦，使得网络具有灵活的扩展性、开放性和演进能力[26]。通过“用户↔无线接入网↔核心网↔业务平台”端到端的软件定义与虚拟化，构建出多个软件定制化的虚拟网络(称为网络切片)，每个切片实现了资源的共享与隔离，因此，新业务可在新的网络切片上进行开发和实验，不会对现有网络的业务造成影响。此外，作为未来网络架构不可或缺的无线接入技术，其技术验证往往依赖实验局建设，成本高，验证周期长。通过软件定义与虚拟化技术的引入，可实现新的无线接入技术在现网网络中通过软件化定制的虚拟网络切片中进行规模性验证实验，缩短开发验证周期，加快网络的演进步伐，同时又不影响现网运营[27]。

### 1.5.1　无线网络中软件定义与虚拟化技术应用

为了满足广泛多样的应用要求，无线网络引入软件定义与虚拟化技术支撑移动通信网络灵活可定制的差异化服务能力。基于软件定义将原来网元设备中的一体化功能分解成多个逻辑功能组件，对一些组件进行优化、升级、丢弃，利用处理后的组件进行网元功能的重构完成无线网络功能定制化。利用虚拟化技术将物理存在的硬件资源进行各种方式的抽象，支持硬件资源在软件功能间的高效共享实现通用硬件平台按需灵活部署与迁移功能组件。具体讲，无线网络中的软件定义与虚拟化应用如图 1.10 所示，分别为无线网络功能的软件定义技术、无线网络虚拟化平台技术、无线网络资源虚拟化技术。未来无线网络利用软件定义技术实现软硬件解耦，将无线网络功能软件化、模块化，对模块按需编排形成定制化网元与网络功能软件；基于通用硬件加载软件化的网络功能，利用虚拟化平台为软件功能虚拟出逻辑独立的硬件资源，实现资源虚拟化；其中，资源虚拟化技术是虚拟化平台的重要部分，利用资源的虚拟化可以实现硬件资源在软件定义的网络功能间的统计复用，在理论上能够有效提升资源的利用。

无线网络功能的软件定义技术是解决低成本运营、高灵活部署，满足未来网络需求和场景的关键技术。无线网络功能的软件定义技术将具有无线网络功能的软件加载在通用硬件服务器上运行，实现无线网络软件与硬件的解耦，无线网元功能不再依赖于具体的硬件，从而实现无线网元功能的灵活部署。依据场景的不同功能与性能需求，无线网元功能可利用部分或全部不同的功能模块构成，灵活地部署于核心区域或者靠近用户的边缘区域，进而容易实现不同的业务功能，达到能力开放的目的，支持未来无线网络中新业务的快速部署，最终提供了一种更经济和灵活的建网方式，促进全产业链开放。

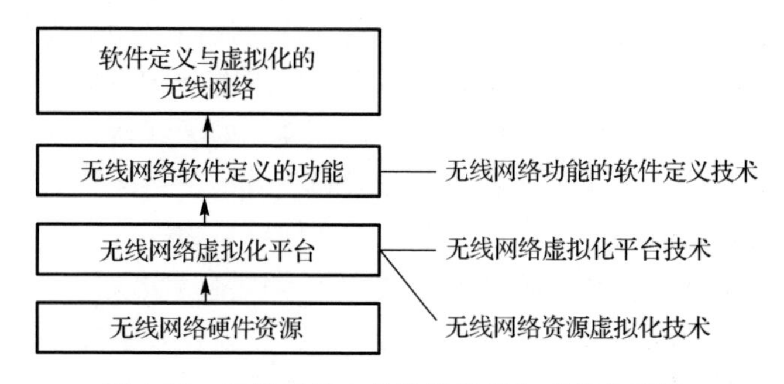


图 1.10　无线网络中的软件定义与虚拟化应用

无线网络虚拟化平台技术是软件定义的无线网络功能运行的基础，通过采用通用的硬件设施，可以有效地降低运营商的建设成本和运维成本，为用户提供低成本的服务。无线网络虚拟化平台基于传统的虚拟化技术对通用的 CPU、内存、外部设备等进行虚拟化，融合 IT 的兼容性、通用性和平台演进特征；基于基站特性对基带处理资源进行特有方式的虚拟化设计，满足基站逻辑功能对时延、时延抖动以及同步的要求，提供满足无线通信的电信级性能、电信级可靠性和标准化等能力的商用现成(Commercial Off-The-Shelf，COTS)平台。基于虚拟化平台，无线网络可以充分利用基础设施，提高资源利用率，快速满足业务需求，易于资源扩充，便于管理和维护。

无线网络资源虚拟化技术的应用可以有效解决无线网络资源利用的瓶颈问题，无线网络的资源虚拟化技术将传统蜂窝网络分布式的处理资源进行集中式部署并进行大规模池化，使得网络资源统一集中到一个虚拟资源池里，实现基站的逻辑功能和物理实体相分离，以及虚拟资源的统计复用、共享与动态分配，更加合理高效地分配资源，提高无线网络资源利用率，降低系统能耗。

### 1.5.2　无线网络中软件定义与虚拟化技术挑战

将软件定义的无线网络功能通过功能虚拟化和资源虚拟化运行在无线网络虚拟化平台，软件定义与虚拟化技术能够有效支撑灵活高效构建无线网络。然而当前无线网络的软件定义与虚拟化技术仍不成熟，在无线网络功能的软件定义、无线网络虚拟化平台和无线网络资源虚拟化三个方面面临严峻挑战。

在无线网络功能的软件定义方面，通过引入软件定义技术将无线网络网元功能软件化，打破现有的以网元为中心的软硬件紧耦合的管理模式，实现以资源为中心的软硬件松耦合的管理模式。软件定义支持无线网络功能动态剪裁与添加，设计并实现基于通用硬件的灵活组合，从而解决现有基础设施平台成本高、资源配置不智能、业务上线周期长等问题，支持多样化的无线网元应用场景，满足端到端的业务体验需求，实现灵活的网络部署和高效的网络运营。无线网络功能软件定义技术在网元功能模块化拆分与组合方面面临巨大挑战。一是网元功能如何模块化定义与实现挑战。基于软件定义技术，无线网络实现网元功能与硬件的解耦，进而支持网络功能的模块化拆分与重组，其中模块化的作用是分割、组织和打包软件。每个模块完成一个特定的子功能，所有的模块按某种方法组装起来，完成整个系统所要求的功能。在系统的结构中，模块是可组合、分解和更换的单元。模块化是一种处理复杂系统时将其分解成为更好的可管理模块的方式。它可以通过不同组件设定不同的功能，把一个问题分解成多个小的独立、互相作用的组件，来处理复杂、大型的软件。二是模块灵活组合与编排的挑战。基于软件定义技术设计无线网络控制的软件化，并实现与转发分离，网络控制面设备向上层应用提供管理的高效开放 API，支持定制化的、开放式的管理；基于上层应用提供的差异化网络服务需求，按需组织编排软件定义的网络功能模块；转发功能为业务提供可编程的网元模块路由能力，实现网络控制功能的动态编排，显著提高网络功能管理的灵活性。

虚拟化平台是无线网络虚拟化的基础，提供弹性扩展、灵活配置以及自动化管理等能力。无线网络虚拟化平台的目标是对无线网络的物理资源进行抽象，并将抽象后的资源组织成一个或多个虚拟表单，以便于不同的无线网络网元更有效、更灵活地使用抽象后的资源。虚拟化平台是基于通用硬件平台运行的软件，支持从专有硬件上剥离开来的虚拟化的网络功能灵活部署，支持资源虚拟化共享，实现资源的统计复用，提高资源利用率，高效匹配业务需求。虚拟化平台在异质资源虚拟化与电信级服务保障方面面临巨大挑战。在异质资源虚拟化方面，无线网络物理资源种类复杂，无线网络虚拟化平台需要实现通用与加速物理资源的共同虚拟化，维护虚拟资源池与异构计算资源之间的映射，为快速生成虚拟化的网络功能提供统一接口；在电信级服务保障方面，无线网络基站设备的基带处理资源对时延、时延抖动以及同步的要求苛刻，为满足基带实时性与可靠性的要求，需要专门针对基站涉及的处理任务产生特征、处理时序关系以及物理资源占用特征设计无线网络虚拟化平台，来满足无线通信的电信级性能、电信级可靠性的要求。

在无线网络资源虚拟化方面，基于无线网络资源虚拟化的共享无线网络资源架构，利用虚拟化技术在虚拟资源池内提供大量虚拟基站的功能，支持虚拟资源统计复用、动态分配及调度，实现基站的逻辑功能和物理实体相分离，具有大容量、低能耗、高资源利用率等特点。不仅能有效应对蜂窝移动网络的“潮汐效应”，也能针对用户业务流量分布具有不均匀性、突发性、重尾特性等各类新兴数据业务，提供一套支持处理资源统计复用、动态共享与分配的基础设施平台，支撑和促进蜂窝移动通信网络的绿色演进和发展。然而，无线网络资源虚拟化面临理论、机制与算法三个方面的挑战。在理论方面，从传统分布式基站架构处理资源的“独占”，到虚拟资源池的资源“共享”，无线网络资源虚拟化究竟有多大的优势，虚拟资源统计复用增益如何进行量化，如何对虚拟资源统计复用增益进行建模及分析；在机制方面，针对不同区域类型、覆盖规模大小的无线接入网部署时，基于无线网络虚拟资源统计复用增益分析，综合考虑统计复用增益及软件化的无线网络功能特性，如何利用集中式网络架构下系统的超强的处理能力、虚拟资源管理技术，最大灵活度地对系统的虚拟资源进行可伸缩的动态调度，最终实现绿色智能高效的无线接入网络；在算法方面，基于无线网络资源虚拟化的集中式接入网基站架构，在无线网络运行过程中，如何利用虚拟资源池共享等特点，根据网络用户的业务处理需求，进行灵活的虚拟资源管理和动态分配。

## 参考文献


[1] 张朝昆，崔勇，唐翯祎，等. 软件定义网络(SDN)研究进展. 软件学报，2015，26: 62-81.

[2] Slim F, Guillemin F, Gravey A, et al. Towards a dynamic adaptive placement of virtual network functions under ONAP//IEEE Conference on Network Function Virtualization and Software Defined Networks, Berlin, 2017.

[3] 鞠卫国，张云帆，乔爱峰，等. SDN/NFV：重构网络架构建设未来网络. 北京：人民邮电出版社，2017.

[4] Sezer S, Scott-Hayward S, Chouhan P, et al. Are we ready for SDN? Implementation challenges for software-defined networks. IEEE Communications Magazine, 2013, 51(7): 36-43.

[5] Benzekki K, Fergougui A E, Elalaoui A E. Software-defined networking (SDN): a survey. Security and Communication Networks, 2017, 9: 5803-5833.

[6] Shin M K, Nam K H, Kim H J. Software-defined networking (SDN): a reference architecture

and open APIs//International Conference on ICT Convergence, Jeju Island, 2012.
[7] 许韦达. 软件定义网络 SDN 在运营商 IP 城域网中的应用研究. 长春: 吉林大学, 2019.
[8] 黄韬, 刘江, 魏亮, 等. 软件定义网络核心原理与应用实践. 北京: 人民邮电出版社, 2014.
[9] Jararweh Y, Al-Ayyoub M, Doulat A, et al. Software defined cognitive radio network framework. International Journal of Grid and High Performance Computing, 2015, 7: 1-4.
[10] Chayapathi R, Hassan S F, Shah P. 网络虚拟化技术详解: NFV 与 SDN. 夏俊杰, 范恂毅, 赵辉译. 北京: 人民邮电出版社, 2019.
[11] 王睿. 基于 SDN 的网络切片资源映射与编排技术研究. 南京: 东南大学, 2019.
[12] 张江, 贾玉洁, 张晓宇. 云计算环境下的内核虚拟机技术安全研究. 计算机与网络, 2017, 43: 72-75.
[13] 张建勋, 古志民, 郑超. 云计算研究进展综述. 计算机应用研究, 2010, 27: 429-433.
[14] 英特尔开源软件技术中心. 系统虚拟化: 原理与实现. 北京: 清华大学出版社, 2009.
[15] Han B, Gopalakrishnan V, Ji L, et al. Network function virtualization: challenges and opportunities for innovations. IEEE Communications Magazine, 2015, 53: 90-97.
[16] Bugnion E, Nieh J, Tsafrir D. Hardware and software support for virtualization. Synthesis Lectures on Computer Architecture, 2017, 12: 1-206.
[17] Zhao H, Xie Y, Shi F. Network function virtualization technology: progress and standardization. ZTE Communications, 2014, 12: 7-11.
[18] Jin Y, Wen Y. When cloud media meet network function virtualization: challenges and applications. IEEE Multimedia, 2017, 24: 72-82.
[19] Kawashima R, Nakayama H, Hayashi T, et al. Evaluation of forwarding efficiency in NFV-nodes toward predictable service chain performance. IEEE Transactions on Network and Service Management, 2017, 14: 920-933.
[20] 龚峰, 程闻博. 网络功能虚拟化技术的发展现状与面临的挑战. 新型工业化, 2018, 8: 45-50.
[21] Strachey C. Time sharing in large fast computers // Communications of the ACM, New York, 1959.
[22] Sefraoui O, Aissaoui M, Eleuldj M. OpenStack: toward an open-source solution for cloud computing. International Journal of Computer Applications, 2012, 55: 38-42.
[23] 黄海峰. 云计算市场之争转向生态系统: 华为 FusionSphere 聚合产业链力量. 通信世界, 2014: 41-41.

[24] Nelson R. Optimizing data collection and processing. Evaluation Engineering, 2016, 55: 16-18.

[25] Mijumbi R, Serrat J, Gorricho J L, et al. Management and orchestration challenges in network functions virtualization. IEEE Communications Magazine, 2016, 54: 98-105.

[26] Hawilo H,Shami A,Mirahmadi M, et al. NFV: state of the art, challenges, and implementation in next generation mobile networks（vEPC）. IEEE Network, 2014, 28: 18-26.

[27] 孙茜, 田霖, 周一青, 等. 基于 NFV 与 SDN 的未来接入网虚拟化关键技术. 信息通信技术, 2016,（1）: 57-62.

# 第 2 章　无线网络功能的软件定义技术

## 2.1　引　　言

无线网络功能的软件定义是将网络功能软件与硬件基础设施解耦，网元功能软件不再依赖于具体的硬件，从而实现灵活部署。针对差异化的场景特征，网元功能软件可按需部署于核心区域或者靠近用户的边缘区域；通过采用通用的硬件设施，可有效降低运营商的建设成本和运维成本。本章将描述无线网络功能的软件定义技术，首先，介绍无线网络功能软件定义的目标与愿景；然后，介绍接入网与核心网的软件定义架构及其相关组件；最后，基于无线网络功能软件定义的设计介绍如何构建差异化的软件定义的无线网络功能，即基于无线网络功能软件定义技术的网络切片，为进一步开展无线网络功能软件定义的研究与应用工作奠定基础。

## 2.2　软件定义无线网络功能概述

软件定义无线网络功能的目标是改变现阶段网络的运营模式，采用软件定义技术，将现有的多种网络设备更换为标准的 IT 设备，如高密度服务器、交换机、存储节点以及终端，将网络功能软件分布运行在不同的标准 IT 服务器上，并支持定制的实例化与迁移的功能[1,2]。

软件定义借鉴了 IT 设备的设计理念。以常用的 X86 架构 PC 为例，其硬件由统一标准的 CPU、内存、主板、硬盘等组成，在保证性能的同时，可有效降低硬件成本。PC 中实现软硬件解耦，各种功能可由不同的软件运行实现。借鉴这种设计理念，通信设备可采用统一标准的硬件设施，并为其上运行的软件提供统一的开发环境，在降低成本的同时实现软硬件的解耦。软件定义实现了网络功能的软件化，将软件作为网络功能的运行载体，并安装部署到通用服务器上，从而达到软件按需注入、功能按需获取的目的。例如，在通用硬件上灌注宽带远程接入服务器(Broadband Remote Access Server，BRAS)软件，便可以成为 BRAS 设备，灌注深度报文检测(Deep Packet Inspection，DPI)软件，可以成为 DPI 设备，可以同时灌注多种不同的软件，从而同时具备多种的功能[1,3,4]。

基于软件定义技术将无线网络的传统网元设备软硬件解耦，分解重组无线网络网元的通信功能并用软件实现，将通信软件拆解为多个功能模块，可分别对模块进行优化与更新。基于编排与控制器实现无线网络功能模块的统一控制，获取各部分功能模块的概要情况，如使用情况、功能运行情况，并对无线网络功能模块进行按需个性化的管理编排[3]，基于通用硬件平台实现无线网络功能模块的灵活按需部署。

## 2.3　接入网功能的软件定义技术

接入网协议软件采用网络软件定义功能的思想进行设计，按照协议功能封装为功能子模块，子模块按照功能构成模块池，并提供开放、标准的接口。接入网软件化功能子模块作为最小单元支持组合调用：不同功能的接入网软件化功能子模块组合形成相应的软件功能，相同功能的接入网软件化虚拟功能子模块并联实现高性能处理；接入网软件化功能子模块支持灵活替换[2]。

接入网软件化功能子模块设计以物理层协议软件为例进行说明。采用基于 SDK 和 LIB 的架构设计软件化功能子模块，如图 2.1 所示，包含编/译码库、调制/解调库、FFT/IFFT 功能子模块等。考虑到无线通信网络协议软件处理数据时延敏感，实时性要求高的功能子模块在加速硬件单元上运行，实时性要求较低的功能子模块在通用硬件平台上运行，支持功能子模块间的自由组合，实现功能子模块的共享与复用，按需构建场景所需的协议软件，并支持向未来网络协议制式的演进。

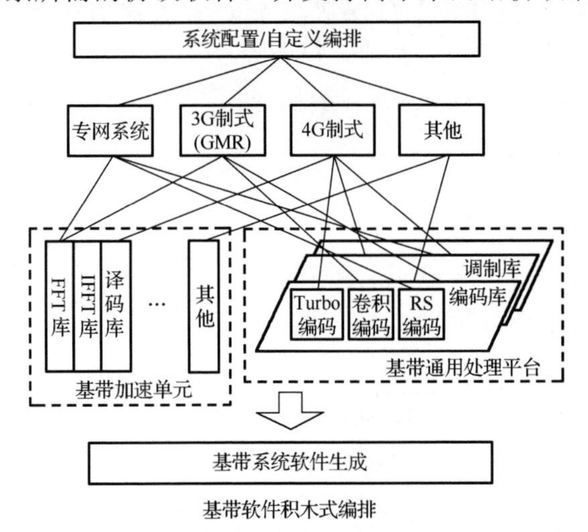


图 2.1　物理层协议软件的虚拟化功能子模块设计示意图

基于 SDN 技术设计接入网控制转发分离，通过 NFV 架构支持接入网控制功能的软件化，网络控制面设备向上层应用提供基础资源管理配置的 API，解决多种接入网之间管理差异的问题，通过实现网络控制功能的可编程化，可以显著提高网络管理的灵活性和网络资源的利用率[5,6]。综上，基于 SDN 与 NFV 技术的软件定义接入网功能设计如图 2.2 所示。

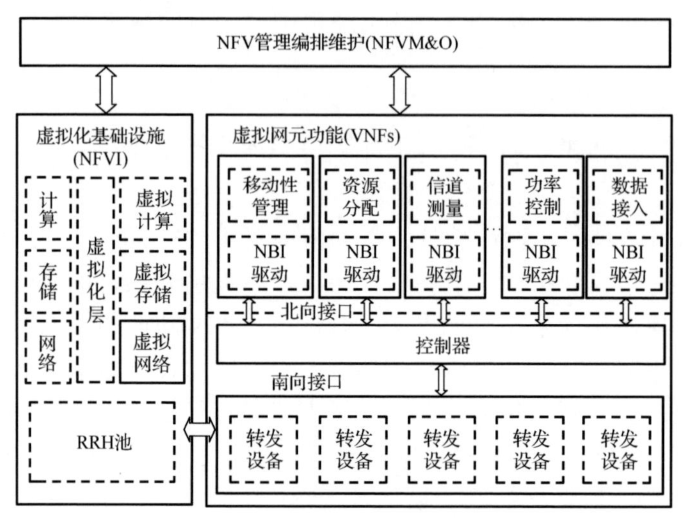


图 2.2　基于 SDN 与 NFV 技术的软件定义功能设计

基于 SDN 技术控制软件定义的接入网功能，按需灵活组织协议软件模块。为此，需要一种可以在软件模块间动态路由的模块数据结构与模块路由表。模块路由表根据不同的应用场景，将模块池中的子模块组织成不同的协议处理流程。模块路由表内部存有路由表项，每条路由表项可以根据软件模块名称哈希(Hash)值找到该子模块的函数入口地址，进行相应的协议处理。每条表项拥有以下内容：

(1) 软件子模块名称 Hash 值。

(2) 软件子模块入口函数地址。

(3) 下一跳正反馈软件子模块名称 Hash 值集合。

(4) 下一跳负反馈软件子模块名称 Hash 值集合。

(5) 表项有效时间。

(6) 路由方式，该字段值可以为单播或多播。

路由表在收到添加或修改模块路由关系控制命令时会进行配置。根据控制命令字段，按照对应的协议流程，进行数据传输与处理流程的路由表项配置。路由表项中子模块名称 Hash 值计算方式为

$$\text{Hash} = 制式 + 上下行 + 层级 + 模块名称$$

该计算方式的优势在于可以根据路由方式是单播还是多播来决定由哪些模块进行下一步骤的数据处理。当路由方式为单播时，模块路由表会根据该子模块的执行结果是正反馈还是负反馈来查询下一跳子模块的入口函数地址并继续执行。当路由方式为多播时，模块路由表会指定一个多播关键词，例如“layer + config”，表明该子模块协议处理流程执行完毕后，会对该制式的所有层级字段为 config 链路下的模块进行广播。多播一般用于无线资源控制层(Radio Resource Control，RRC)向各层下发配置数据。

每条记录的路由表项都需要占用内存，为了使路由表项不占用太多内存，路由表中的每一条路由表项需要有淘汰机制，避免路由表存储的内容无限增大造成大量内存消耗，淘汰的规则主要有两条：路由表项的有效时间超时；需要向路由表中添加一条新的路由表项，但此时路由表中的路由表项已满时。

针对第一条规则，可以为每一条路由表项引入一个定时器，超时后自动将对应的路由表项从路由表中删除。这种方案虽然可以实现第一条规则定义的淘汰机制，但路由表中的路由表项有成百上千条，每条路由表项对应一个定时器将会造成巨大的定时器开销。对于第二条规则，当路由表中的路由表项过多时，需要进行淘汰，最常见的算法是最近最少使用算法(Least Recently Used，LRU)。该算法需要淘汰最长时间没有访问过的路由表项，即有效时间最短的路由表项。因此需要经常对路由表中的路由表项进行排序，也会有很大的计算开销。通过淘汰机制可有效节省路由表的内存消耗。

路由表模块除了记录路由表项以外，还会维护一个所有合法子模块的 Hash 集合。当模块路由表对某模块名称 Hash 值进行查询，却发现路由表中不存在该 Hash 值对应的子模块时，会继续到合法子模块 Hash 值集合表中进行查找。否则，添加相应路由表项到路由表中。路由表查询流程如图 2.3 所示。如果此时路由表中的表项过多，则替换那些有效时间定时器剩余时间最短的子模块路由表项。为了使替换模块查找时间复杂度为常数级，维护各子模块有效时间的数据结构采用时间轮数据结构。

时间轮数据结构如图 2.4 所示，时间轮分为若干个区域，每个区域都存放对应路由表项序号在路由表中的指针。需要注意的是，相同区域内的路由表项指针所指向的路由表项具有相同的有效时间。由于每条路由表项的有效时间为 20ms，时间轮每 5ms 进行一次逆时针旋转，故时间轮一共有 4 个区域，分别存放有效时间为 20ms、15ms、10ms、5ms 的路由表表项对应的指针。时间轮每次旋转后，第 $i$ 号区域内的路由表项指针会全部复制到第 $i+1$ 号区域内。处于时间轮最后一个区域内的路由表指针在时间轮完成一次旋转后需要进行淘汰判断，删除引用计数值是 1 的路由表项。引用计数的作用在于如果在时间轮旋转过程中，某个不在区域 1 的路由表项指针对应的路由表项被访问了，则该路由表项的引用计数加 1，并新添一个指向该路由表项的指针到 1 号区域。

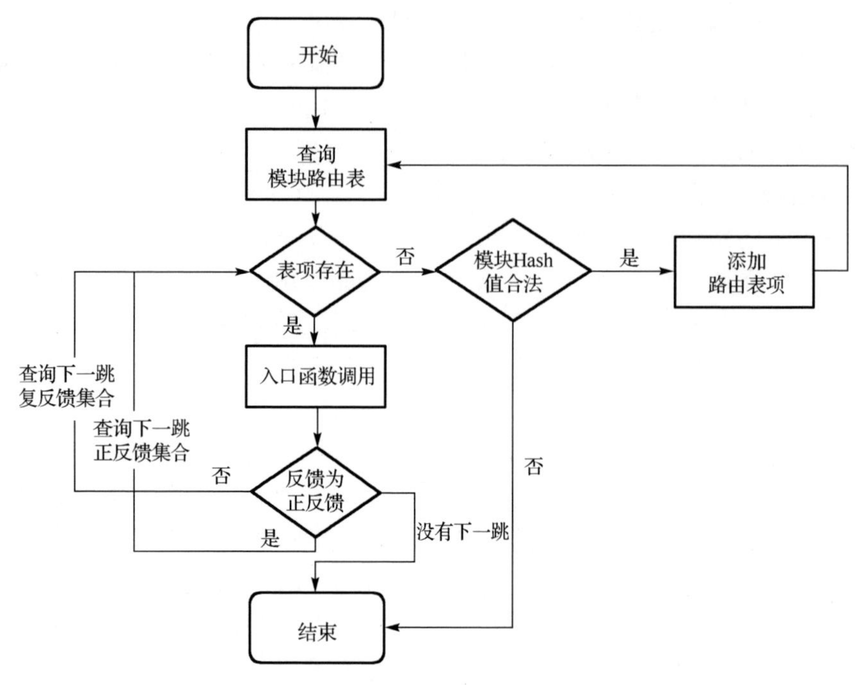


图 2.3　路由表查询流程

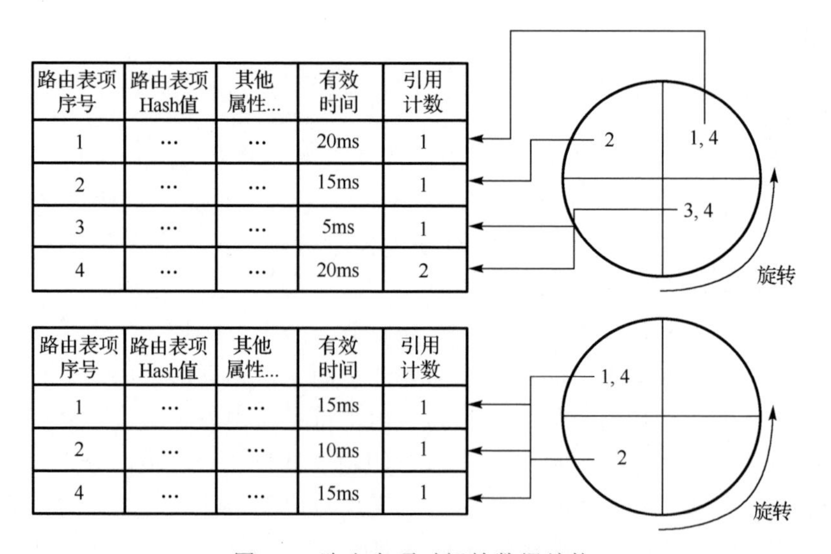

| 路由表项序号 | 路由表项Hash值 | 其他属性... | 有效时间 | 引用计数 |
|---|---|---|---|---|
| 1 | ··· | ··· | 20ms | 1 |
| 2 | ··· | ··· | 15ms | 1 |
| 3 | ··· | ··· | 5ms | 1 |
| 4 | ··· | ··· | 20ms | 2 |

| 路由表项序号 | 路由表项Hash值 | 其他属性... | 有效时间 | 引用计数 |
|---|---|---|---|---|
| 1 | ··· | ··· | 15ms | 1 |
| 2 | ··· | ··· | 10ms | 1 |
| 4 | ··· | ··· | 15ms | 1 |



图 2.4　路由表项时间轮数据结构

## 2.4　核心网功能的软件定义技术

实现核心网功能的软件定义，需要充分考虑系统集成方式、硬件的配置、操作系统等诸多问题。作为其中的关键环节之一，系统集成方式的选择也是当前的研究热点。

为了解决跨层集成的问题，研究人员提出了各种系统集成模式。主流的集成模式可以分为三类：第一类是预集成模式，即基础设施、软件定义虚拟核心网和软件定义虚拟演进分组核心(Virtualized Evolved Packet Core，vEPC)功能软件统一由通信设备商提供；第二类是初级系统集成模式，即基础设施由运营商提供，软件定义虚拟核心网软件和软件定义 vEPC 功能软件由设备商提供；第三类是完全系统集成模式，即基础设施和软件定义虚拟核心网功能由运营商提供，软件定义 vEPC 功能软件由设备商提供，软件定义虚拟核心网集成模式图如图 2.5 所示[7]。

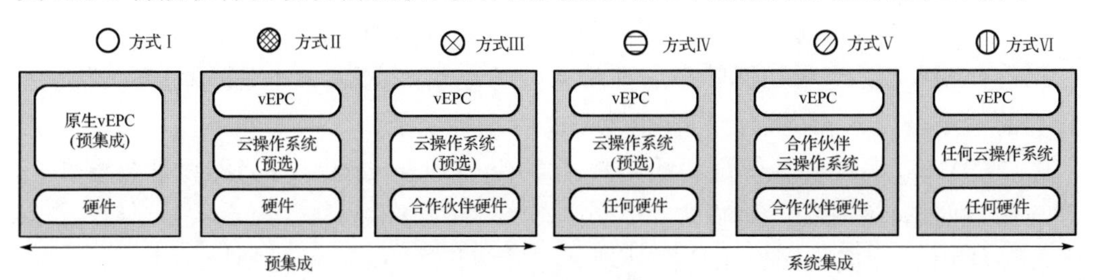


图 2.5　虚拟化集成模式图

不同的集成模式在网络性能和可靠性、运维效率、系统部署的灵活度和适配性以及集成费用等方面具有不同的表现。如图 2.6 所示，不同的集成模式在各个维度产生了不同程度的影响。此外，软件定义的虚拟核心网还需要考虑 IT 的兼容与通用的问题，并拥有电信级可靠性和标准化等能力的商用平台。

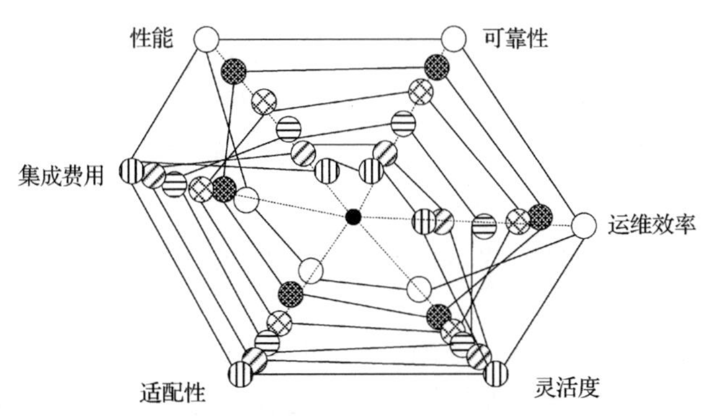


图 2.6　软件定义虚拟核心网集成模式影响分析图

为了对传统移动互联网服务能力进行升级，5G 核心网将采用基于软件定义的核心网方式进行构建。3GPP 对 5G 核心网进行了重构，网络架构关键技术和功能如下[8]。

(1) 服务化：5G 核心网控制面采用微服务架构，其功能分解为多个网络功能。

(2) 控制面模块化：通过接入和移动性管理功能(Core Access and Mobility Management Function，AMF)与会话管理功能(Session Management Function，SMF)实现移动性管理和会话管理的分离，同时通过鉴权服务功能(Authentication Server Function，AUSF)实现鉴权功能。

(3) 用户面归一化：用户面实体合并为用户面功能(User Plane Function，UPF)。

(4) 网络切片：切片按需定制，符合不同的业务场景需求，切片之间逻辑隔离。

(5) 统一鉴权：3GPP 和非 3GPP 接入使用统一的鉴权机制。

5G 核心网以网络功能(Network Function，NF)的方式定义网络实体，每个 NF 的功能独立，相互之间可以调用，整个网络从原先的刚性网络变为柔性网络，5G 核心网网络架构如图 2.7 所示，主要网元与功能概述如下。

(1) AMF：实现移动性管理、非接入层移动管理的信令处理、非接入层会话管理的信令路由、安全锚点和安全上下文管理等功能。

(2) SMF：实现会话管理、用户终端(User Equipment，UE) IP 地址分配和管理、用户面选择和控制等。

(3) UPF：完成不同的用户面处理。

(4) 统一数据管理(Unified Data Management，UDM)：管理和存储签约数据、鉴权数据。

(5) 策略控制功能(Policy Control function，PCF)：支持统一的策略框架，并提供策略规则。

(6) 网络存储功能(NF Repository Function，NRF)：对已部署的 NF 进行维护，同时处理 NF 发现请求。

(7) 网络开放功能(Network Exposure Function，NEF)：给需要访问网络的应用提供服务，并实现网络功能定制化。

(8) AUSF：实现鉴权服务，支持 3GPP 接入的鉴权和非 3GPP 接入的鉴权认证。

(9) 网络切片选择功能(Network Slice Selection Function，NSSF)：协助选择网络切片。

相比于 4G 核心网，5G 核心网采用了服务化架构，NF 按模块化的方式解耦合，各个模块可以按需部署、独立扩容与演进。5G 模块化网元与 4G 核心网网元的对应关系如表 2.1 所示。5G 核心网在解耦 NF 的同时，借鉴了 IT 系统服务化/

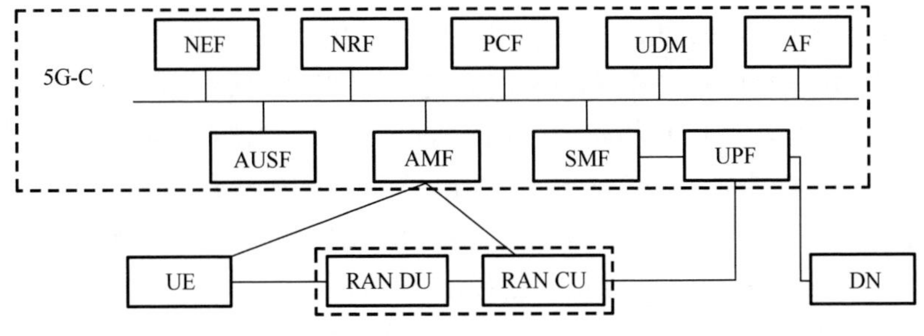


图 2.7　5G 核心网网络架构

微服务化架构经验，实现服务的自动注册、发现和调用，最终实现整网功能的按需定制，灵活支持不同的业务场景和需求[9]。

**表 2.1　5G 核心网模块化网元与 4G 核心网功能的对应关系**

| 5G 网络功能 | 中文名称 | 类似 4G EPC 网元 |
| --- | --- | --- |
| AMF | 接入和移动性管理 | 移动性管理实体(Mobility Management Entity，MME)中 NAS 接入控制功能 |
| SMF | 会话管理 | MME、服务网关、公共数据网网关(Public Data Network Gateway，PGW)的会话管理功能 |
| UPF | 用户平面功能 | 服务网关和公共数据网网关用户平面功能 |
| UDM | 统一数据管理 | 归属签约用户服务器(Home Subscriber Server，HSS)、签约数据库仓库等 |
| PCF | 策略控制功能 | 策略与计费规则功能实体 |
| AUSF | 鉴权服务功能 | 归属签约用户服务器中鉴权功能实体 |
| NEF | 网络能力开放 | 服务能力开放功能实体 |
| NSSF | 网络切片选择功能 | 5G 新增，用于网络切片选择 |
| NRF | 网络注册功能 | 5G 新增，类似增强域名解析系统功能 |

5G 网络建设的前期目标是实现热点覆盖，所以需要对现网核心网(Evolved Packet Core, EPC)和 5G 核心网(5G Core，5GC)进行混合组网，协同支持第二代移动通信系统到第五代移动通信系统业务。软件定义虚拟核心网的落地部署可以分为以下三个阶段：第一阶段是在拓展的新业务领域部署 vEPC 网络，第二阶段利用存量逐步推进虚实混合组网，第三阶段是融合下一代网络演进。

5G 网络建设的成熟期，4G 和 5G 网络会在很长一段时间内同时存在，EPC 会缓慢退网，5GC 将成为主力并实现多种接入方式。因此融合非独立组网(Non-stand Alone，NSA)和独立组网(Stand Alone，SA)的通用核心网(Common Core)方案[10]，可以帮助运营商实现统一的核心网，如图 2.8 所示[11]。在 NSA 中，首先 EPC 由物理 EPC(Physical EPC，pEPC)软件化为虚拟 EPC(Virtual EPC，vEPC)；然后演进到 vEPC 连接 4G 长期演进的(Long Term Evolution，LTE)空口基站，5G 新无线(New Radio，NR)空口基站与 4G LTE 基站相连接入 vEPC；接着进一步实现 4G 与 5G 网络在核心网层面通过 vEPC 和 5GC 相连，同时通过 5G NR 基站可以实现 5GC 以及 LTE 相连。在 SA 中，4G 与 5G 网络在核心网层面通过 pEPC 和 5GC 相连，4G 网络中 vEPC 与 LTE 相连，5G 网络中 5GC 与 5G NR 基站相连。最终形成融合的核心网，通过融合的核心网连接 LTE 基站、Enterprise LTE(eLTE)基站、NR 基站，三种基站也可以相互连接接入核心网。

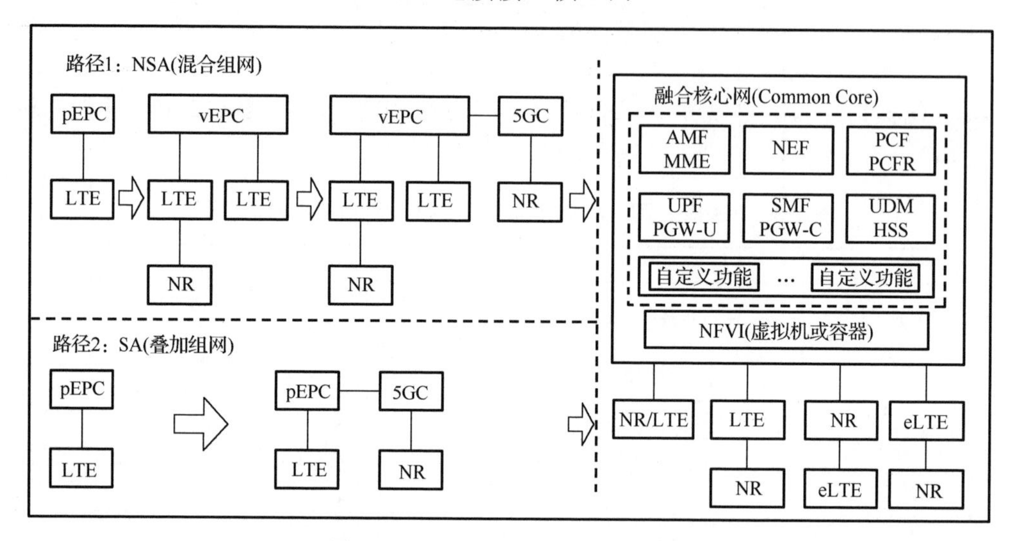


图 2.8 通用核心网融合演进方案

## 2.5 软件定义无线通信网络功能的管理架构

传统无线通信设备中软件与专用硬件耦合在一起，可以采用软件定义无线网络功能的方法将软硬件解耦分离，让无线网络功能软件能够在通用硬件平台上执行。未来移动网络将由软件定义的虚拟网络功能和物理网络功能组成，软件定义的虚拟网络功能和传统的物理网络功能一样，也需要管理[12]。因此 ETSI NFV 引进了 NFV 管理和业务流程的架构，通过与 3GPP 定义的网络管理系统进行融合，从而管理物理网络功能与软件定义的虚拟网络功能。

### 2.5.1 软件定义虚拟功能的管理架构

NFV ISG 工作组的目标是广泛采用标准化的虚拟化技术，利用现阶段标准的通用服务器、存储等多种的硬件设备，实现软件的快速加载与按需部署，从而加快网络更新升级的速度，降低业务部署的复杂度，降低网络的建设和运维成本。

NFV ISG 提出的 NFV 架构如图 2.9 所示，包含虚拟化基础设施、虚拟网元功能、NFV 管理编排[13-16]。

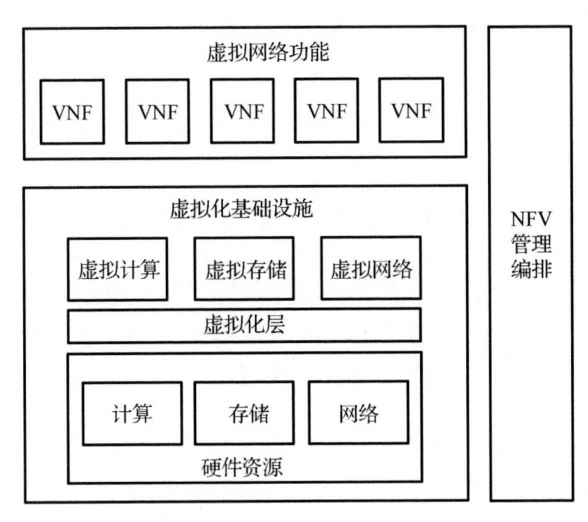


图 2.9　NFV 架构

网络功能虚拟化基础设施(NFVI)：NFVI 的功能是为虚拟网元功能提供必要的硬件基础设施，其中包含计算、存储、网络，此外对于无线通信网络还包含射频天线这种特有基础设施。虚拟化层完成硬件资源的抽象，支持计算、存储和网络连接功能的执行，从逻辑上将资源重新分配并提供给 VNF 使用，支持 VNF 的正常运行，实现功能软件与底层的硬件解耦。企业间 NFVI 硬件资源在物理分布与复杂性方面的差别很大。

虚拟网络功能(Virtual Network Functions, VNF)：VNF 是运行在虚拟化资源上的网络功能软件，部署在虚拟化或非虚拟化的网络中，目的是实现需要的网络功能。通过将网元功能从传统网络硬件中剥离出来，对网元功能进行分解、升级、重组与软件化，进而形成 VNF。VNF 是独立于硬件的、按需拷贝安装的纯软件。然后按照业务的实际需求对重组之后的网元功能进行连接。多个网元功能可组成一个网络服务如接入网、控制功能、转发功能，部署在单个虚拟设备上或多个虚拟设备上，特定情况下也可在物理服务器上运行。VNF 通常采用网元管理系统(Element Management System，EMS)进行管理，其北向接口与 NFV 管理编排系统进行交互，南向接口与 VNF 进行交互。

NFV 管理编排(NFV Management and Orchestration, NFV-MANO)系统：NFV-MANO 的功能是管理与调度对应的资源，包括硬件资源、虚拟资源、虚拟化网元，从而实现完整网络功能的编排和生命周期管理，达到高性能、高可靠、自动化的目标。虚拟化基础设施管理(Virtualized Infrastructure Managers，VIM)的功能是对物理硬件虚拟化资源进行统一的管理、监控等；网络功能虚拟化管理器(VNF Management，VNFM)负责 VNF 的生命周期管理及其资源使用情况的监控；网络功能虚拟化编排器(NFV Orchestration，NFVO)的功能是实现 NVFI 与 VNF 的管理和编排，并实现网络服务的生成与管理，同时通过接口与 OSS/BSS 进行交互。

### 2.5.2 软件定义的虚拟与物理网络功能的联合管理架构

无线网络中软件定义的虚拟网络功能与物理功能的管理架构如图 2.10 所示。物理网络功能的管理主要依赖于 Itf-N 接口，除了支持 Itf-N 接口，移动网络管理通过定义的参考点和 NFV-MANO 交互[17]也支持虚拟网络功能管理。

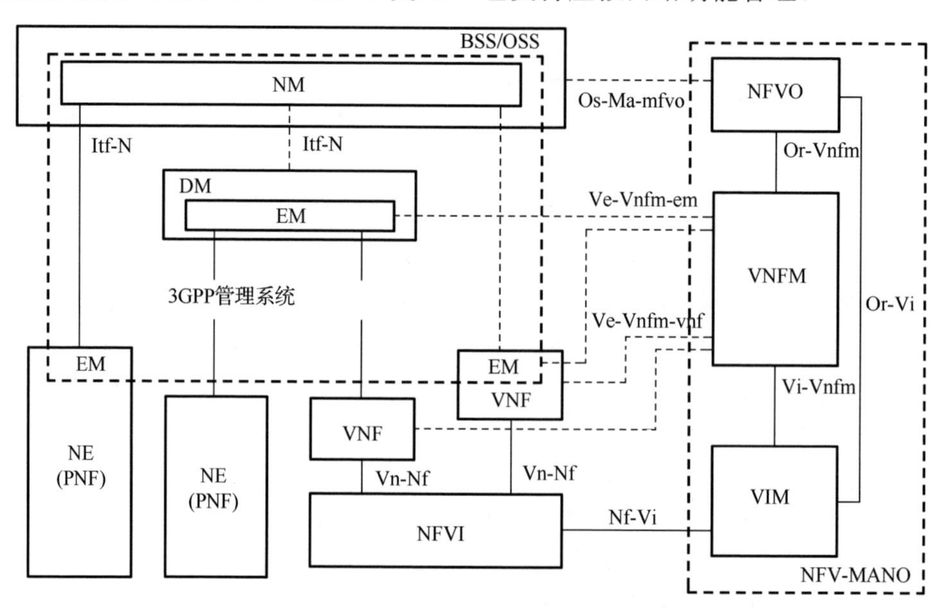


图 2.10 融合 3GPP 和 NFV-MANO 的无线通信网络管理架构

管理架构中的管理功能模块包括网络服务管理功能(Network Manager，NM)、网元管理功能(Element Manager，EM)、设备管理(Device Manager，DM)、NFV-MANO 和 NFVI，各模块具体功能如下。

NM 是 BSS/OSS 的一个角色。它提供了包括虚拟网络功能在内的移动网络管理的功能。NM 支持移动网络(如 IMS、EPC)和 3GPP 服务(如数据服务、话音服务)的 FCAPS 管理功能，且支持移动通信网络的生命周期管理。NM 通过和 NFV-MANO 交互，启动 ETSI 对 NS 和 VNF 的生命周期管理。

EM/DM：EM/DM 负责在网络域和网元级上应用层、网络实体（Network Entity，NE）的故障、配置、核算、性能和安全管理功能，具体包括：

（1）VNF 和物理网元的故障管理；

（2）VNF 和物理网元的配置管理；

（3）VNF 和物理网元的核算管理；

（4）VNF 和物理网元的性能测量和收集；

（5）VNF 和物理网元的安全管理；

（6）参与 VNF 运行管理功能，具体为：创建、删除、扩展以及 VNF 之间相关虚拟资源的信息交换。

NFV-MANO 由 NFV 协调器、VNF 管理器和 VIM 组成，NFVI 由硬件和软件组成，提供基础设施资源，支持 VNF，NFV-MANO 和 NFVI 的主要功能已经在 2.5.1 中定义。

管理功能模块间通过管理接口交互管理所需的信息，通过恰当的管理流程实现对 NF 的管理。

1）管理接口

管理接口包括 Itf-N、Os-Ma-nfvo、Ve-Vnfm-em 和 Ve-Vnfm-vnf。

（1）Itf-N 接口用于 NM 和 EM/DM 之间的 FCAPS 交流，包括 VNF 和物理 NF（Physical NF，PNF）的 FCAPS 管理功能。

（2）Os-Ma-nfvo 接口用于 NFVO 产生的网络服务（Network Service，NS）的管理，包括 NS 性能管理、NS 故障管理、网络服务数据（Network Service Data，NSD）管理和 VNF 包管理。

（3）Ve-Vnfm-em 和 Ve-Vnfm-vnf 参考点主要用于 VNF 的生命周期管理、VNF 和虚拟资源（Virtualized Resource，VR）的失效或性能的测量信息及虚拟化配置的信息传递等。

2）管理流程

EM 在故障管理中有两类故障报告，即虚拟资源故障报告和 VNF 应用故障报告。基于 VNFM 发出的 VR 故障报告和 VNF 发出的 VNF 应用故障报告，EM 做相关性分析，如果有必要，触发纠正措施。

（1）虚拟资源故障报告流程：NFVI 检测到虚拟资源故障并报告给 VIM；VIM 创建一个故障报告并发送给相应的 VNFM；基于 VIM 的报告，VNFM 标识哪些 VNF 受到影响；VNFM 创建 VNF 相关虚拟资源故障报告并发送给相应的 EM。

（2）VNF 应用故障报告流程：VNF 检测 VNF 应用故障（如 NFVI 故障可能会导致 VNF 应用故障）并发送故障报告给 EM。

# 2.6 基于无线网络功能软件定义的网络切片

网络切片是在接入网和核心网功能软件定义的基础上，实现整个网络服务定制化，网络切片有很多特点：首先，网络切片作为提供服务的方式可以应用于多种垂直行业，根据应用场景、业务类型按需定制网络能力，网络切片间相互隔离、互不干扰；其次，网络切片能够根据运营商与用户之间的约定提供差异化的网络服务，约定规定在服务等级协议中，其中包括基本属性(安全性、可管理性、可用性等)、详细的业务属性(切片类型、空口参数、差异化网络功能等)以及性能要求(时延、吞吐率、丢包率等)，通过对接入网和核心网的软件定义虚拟与物理功能的差异化剪裁，有效保证网络切片的服务等级协议的功能与性能要求，如图 2.11 所示[18,19]。

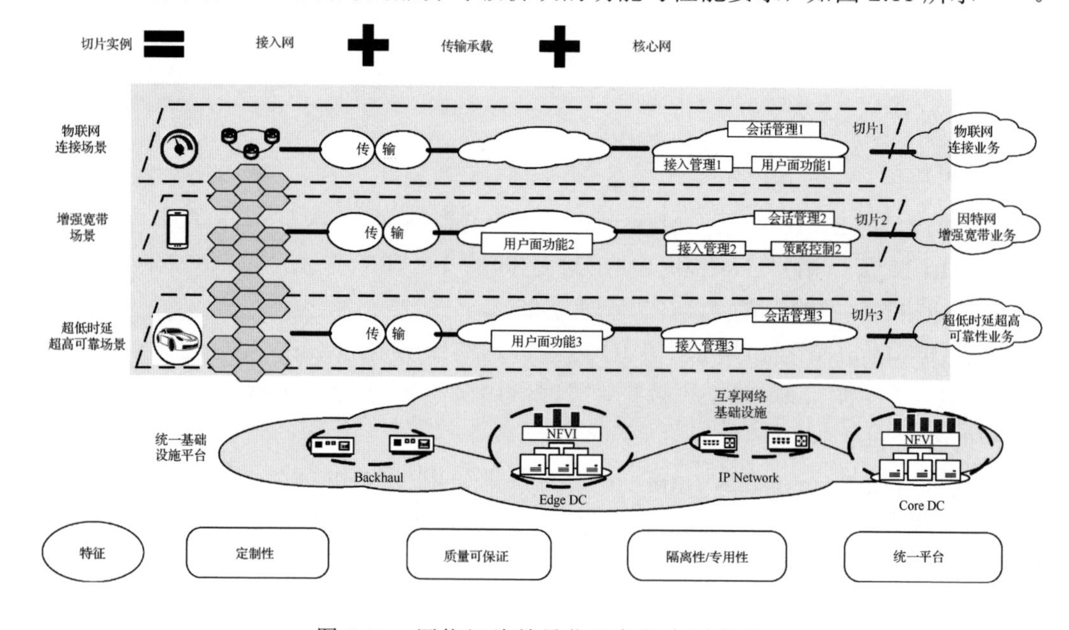


图 2.11 网络切片差异化服务能力示意图

## 2.6.1 网络切片的生命周期管理

网络切片具备逻辑隔离和独立的生命周期管理，提供开放的应用程序接口给运营方，以便网络切片运营方按照自己的特殊要求开发特定的软件定义的运维功能。网络切片资源提供方与运营方制订服务等级协议(Service Level Agreement，SLA)，其中包含网络切片性能的关键指标(Key Performance Indicator，KPI)，基于此构建网络切片用于提供相应的通信服务。网络切片需要支持模块化设计，并支持各自独立按需、敏捷高效的部署和弹性伸缩，其生命周期包含设计、购买、上线、运营、下线等阶段。网络切片的生命周期管理如图 2.12 所示。

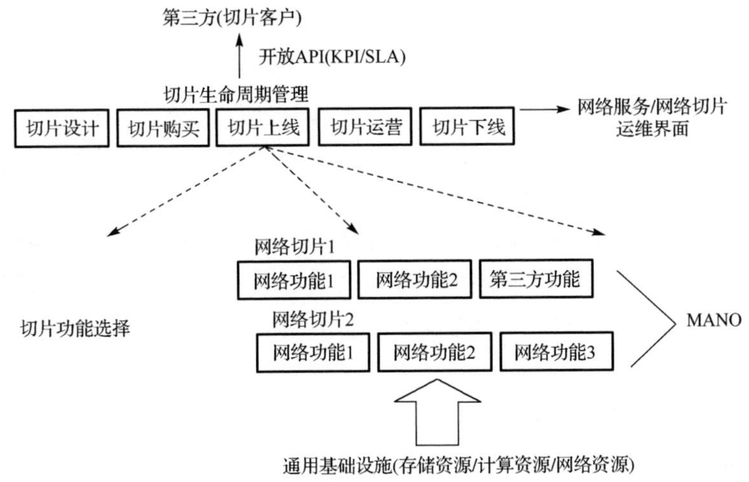


图 2.12　网络切片的生命周期管理

其中，网络切片生命周期的重点集中在上线和运营两个主要阶段。网络切片上线的过程实际上是网络切片模板的实例化过程，网络切片所包含的功能可以部署在特定的物理资源上，也可以部署在虚拟化的逻辑资源上。如果网络切片功能部署在虚拟化的逻辑资源上，那么网络切片管理器通过与 MANO 之间的接口，完成网络切片功能对应软件包的下发、网络切片功能实例化过程中所需要的资源模板的下发以及网络切片功能相关基础配置的下发，然后触发 MANO 进行网络切片的实例化。MANO 进行网络切片实例化的过程中，网络切片服务器通过和 MANO 之间的接口，查看网络切片实例化的进展。MANO 完成切片的实例化后，如果仍有部分网络切片功能需要进行特定的配置，则网络切片管理器通过与实例化后的网络切片之间的接口完成这些特定的配置。最后网络切片管理器通过与网络切片之间的接口触发网络切片的连通性测试，确认网络切片的可用性。

在运营阶段中，网络切片运营方可在网络切片上完成自己制定的网络切片运营策略、网络切片用户发放、网络切片的维护和网络切片的监测控制等工作，这些均通过网络切片管理器与网络切片之间的接口完成。网络侧也可提供开放的运维接口给运营方，以便网络切片运营方进行二次开发，按照自己的特殊要求开发特定的运维功能。如网络切片运营方因为某些原因不再运营网络切片，则可进行网络切片的下线。在网络切片运维过程中，可根据需要对网络切片进行动态修改，网络切片的动态修改包括：网络切片的动态伸缩，如网络切片内局部拥塞需要进行局部扩容；在原网络切片的基础上进行子功能的动态增加或者删除(如原网络切片无安全功能，因业务发展的需要在正在运行的网络切片中增加安全功能)；网络切片功能的版本升级等。

若从网络切片运营方收到购买网络切片请求起开始考虑网络切片的管理周期，则可以从创建、运行和消亡三个阶段展开[18,19]。

(1)创建阶段。运营商维护和更新一个网络切片模板库，新业务上线的第一步是匹配相适应的切片模板，匹配项包括虚拟网络功能组件、组件间标准化交互接口和所需网络资源的描述。切片实例化时服务引擎导入模板并解析，通过接口向基础设施提供商租用网络资源，基于业务需求实例化 VNF 并进行服务功能链的生成与编排，最后将网络切片迁移到运行态。

(2)运行阶段。MANO 对切片的运行状态进行监控、更新、迁移、扩容、缩容等操作，此外 MANO 还支持根据业务负载变化进行快速业务重部署和资源重分配。网络切片技术在一个独立的物理网络上切分出多个逻辑的网络。

(3)消亡阶段。主要涉及业务下线时功能的去实例化和资源的回收，以及对资源进行评级、生成历史记录等操作，一个网络切片的消亡不能影响其他切片业务的正常服务。

### 2.6.2　网络切片的业务流程

网络切片的业务编排管理，直接与用户需求对接，其主要业务流如图 2.13 所示，租户根据业务需求到网络切片管理系统的门户网站上提交业务属性(带宽、时延、连接数、移动性、可靠性、覆盖面积等)以订购通信业务，之后通信服务管理功能(Communication Service Management Function，CSMF)、网络切片管理功能(Network Slice Management Function，NSMF)、子网络切片管理功能(Network Slice Subnet Management Function，NSSMF)、MANO 协作部署满足租户业务需求的网络切片并对其进行运维管理。

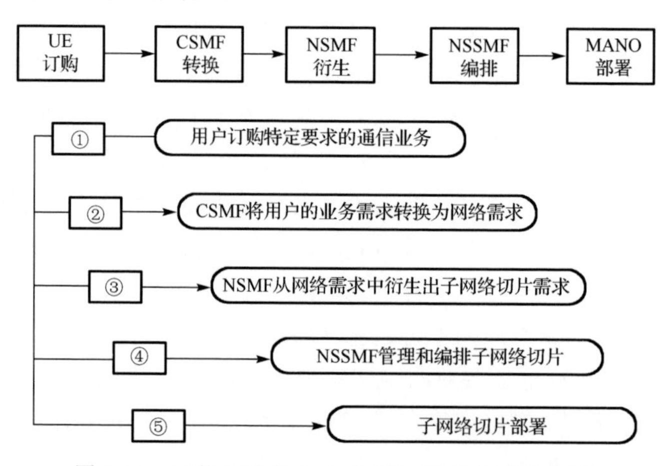


图 2.13　网络切片的全生命周期管理主要业务流

5G 网络切片编排包含核心网(Core Network，CN)、无线电接入网(Radio Access Network，RAN)和传输网(Transport Network，TN)三个域的端到端协同，网络切片部署流程示例如图 2.14 所示，主要步骤如下。

(1) CSMF 收到用户订购的通信服务请求后，将用户需求转换为对网络切片的需求，选择相应的网络切片模型，并向 NSMF 下发网络切片 SLA 要求；

(2) NSMF 将对网络切片的需求转换为 CN/TN/RAN 的 1～$N$ 个子网络切片需求，下发给各个 CN/TN/RAN NSSMF，指示需要预创建子网络切片；

(3) 各个 NSSMF 将子切片需求转换为对 NS 的需求，下发给各自的 MANO；

(4) 各个 MANO 根据 NS 的需求进行资源预估，检查部署资源是否足够，并向 NSSMF 返回检查结果。

(5) NSMF 向各个 NSSMF 发起实例化子网络切片的请求。

(6) 各个 NSSMF 进行实例化部署，CN MANO 和 RAN MANO 的 NS 实例化过程中需要通过 NFVO、VNFM、VIM 间交互完成 NS 内所有 VNF 的实例化；

(7) NSSMF 在 NS 实例化结束后，触发子网络切片，对应配置数据下发给 OMC；

(8) OMC 将配置数据下发给管理的 VNF，完成 VNF 配置数据的创建；

(9) NSSMF 向 NSMF 返回子网络切片的创建结果；

(10) NSMF 向 CSMF 返回网络切片的创建结果；

(11) CSMF 向用户返回通信服务订购的结果。

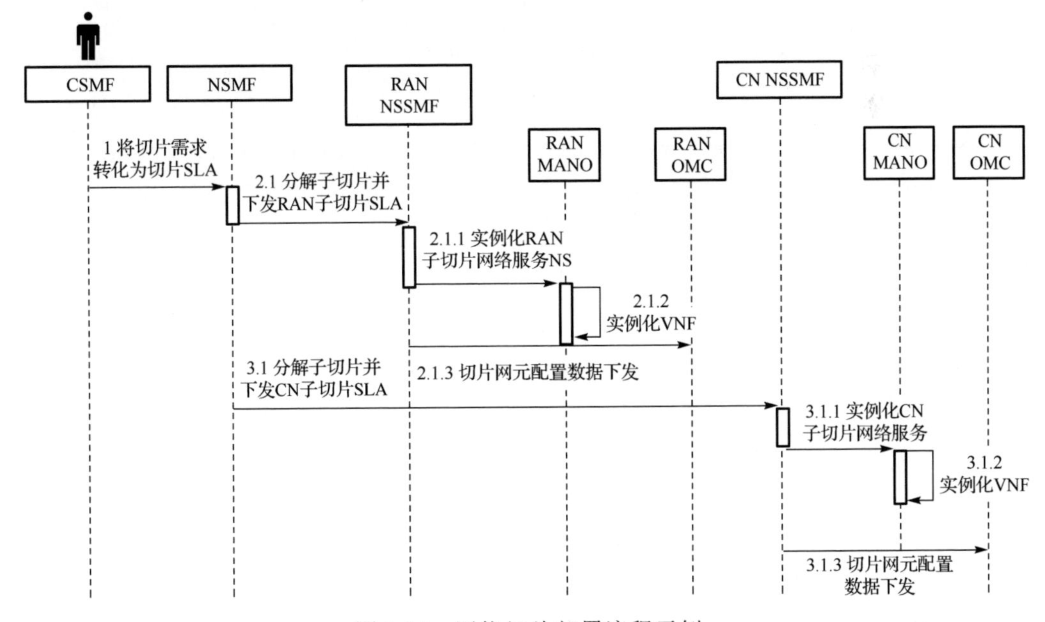


图 2.14　网络切片部署流程示例

## 2.7 小　　结

本章介绍了无线网络功能的软件定义技术，包括软件定义无线网络功能概述、接入网功能的软件定义技术、核心网功能的软件定义技术、软件定义的无线网络功能管理架构、基于无线网络功能软件定义的网络切片。

首先，本章概述了无线网络功能软件定义的概念。在无线网络中引入软件定义架构实现了网络功能的软件化，将软件作为网络功能的运行载体，可灵活安装部署到通用/专用服务器上，从而达到软件按需注入、功能按需获取的目的。接着，瞄准无线网络功能软件定义的目标，即软件按需注入、功能按需获取，本章从接入网和核心网两个方面提出了无线网络功能软件定义的方案以及相应的管理方案，并介绍了无线网络功能软件定义的重要应用——网络切片。无线网络中接入网与核心网软件采用网络功能软件化、控制与转发分离思想进行设计，按照功能将软件模块化拆分与封装，基于对软件定义功能的管理架构，模块按需编排组合形成功能实体。在接入网和核心网功能软件定义的基础上，网络切片根据运营商与用户之间约定的网络服务协议对虚拟化功能模块编排组合，提供定制的网络能力。虽然当前已有研究对无线网络功能的软件定义技术进行探索，但与灵活高效构建网络的目标仍有差距，无线网络功能的软件定义仍是未来值得进一步研究的方向。

### 参 考 文 献

[1] Mijumbi R, Serrat J, Gorricho J L, et al. Network function virtualization: state-of-the-art and research challenges. IEEE Communications Surveys and Tutorials, 2015, 18(1): 236-262.

[2] Afolabi I, Taleb T, Samdanis K, et al. Network slicing and softwarization: a survey on principles, enabling technologies and solutions. IEEE Communications Surveys and Tutorials, 2018, 20(3): 2429-2453.

[3] Herrera J D J G, Vega J F B. Network functions virtualization: a survey. IEEE Latin America Transactions, 2016, 14(2): 983-997.

[4] Yi B, Wang X, Li K, et al. A comprehensive survey of network function virtualization. Computer Networks, 2018, 133: 212-262.

[5] 孙茜, 田霖, 周一青, 等. 基于 NFV 与 SDN 的未来接入网虚拟化关键技术. 信息通信技术, 2016(1): 57-62.

[6] de Sousa N F S, Perez D A L, Rosa R V, et al. Network service orchestration: a survey. Computer Communications, 2019, 142: 69-94.

[7] 陶伟宜，冯爱玲，陈云．虚拟化 EPC 核心网部署研究．邮电设计技术，2018，511(9)：58-62.

[8] IMT-2020(5G)推进组．5G 核心网云化部署需求与关键技术白皮书．2020.

[9] Lake D, Foster G, Vural S, et al. Virtualising and orchestrating a 5G evolved packet core network//IEEE Conference on Network Softwarization, Bologna, 2017.

[10] Ma L, Wen X, Wang L, et al. An SDN/NFV based framework for management and deployment of service based 5G core network. China Communications, 2018, 15(10): 86-98.

[11] 陈亚权，方琰崴，汪兆锋．4G 向 5G 核心网演进发展方案研究．信息通信技术，2019，13(4)：57-62.

[12] Mijumbi R, Serrat J, Gorricho J L, et al. Management and orchestration challenges in network functions virtualization. IEEE Communications Magazine, 2016, 54(1): 98-105.

[13] ETSIGS NFV 002. Network functions virtualization(NFV) and architectural framework. 2014.

[14] ETSI GS NFV-SWA 001. Network functions virtualization(NFV) and virtual network functions architecture. 2014.

[15] ETSI GS NFV-MAN 001. Network functions virtualization (NFV) and management and orchestration. 2014.

[16] ETSI GR NFV 001. Network functions virtualization (NFV) and use cases. 2017.

[17] 3GPP. 3GPP TS 28.500, Telecommunication management, management concept, architecture and requirements for mobile networks that include virtualized network functions(Release 14). 2016.

[18] Zhang S. An overview of network slicing for 5G. IEEE Wireless Communications, 2019, 26(3): 111-117.

[19] Kaloxylos. A Survey and an analysis of network slicing in 5G networks. IEEE Communications Standards Magazine, 2018, 2(1): 60-65.

# 第 3 章　无线网络虚拟化平台技术

## 3.1　引　　言

无论是无线网络的资源虚拟化还是功能虚拟化，都需要底层虚拟化平台技术的支持。由于虚拟化平台的重要性，无线网络设备制造商和平台软件提供商都在积极投入研发。本章将详细阐述无线虚拟化平台的研究现状与相关技术。首先，本章介绍了虚拟化平台的概念，并给出无线网络虚拟化平台的分类——IT(Internet Technology)类与基站(Base Station，BS)特定；然后，分别介绍了 IT 类虚拟化平台及基站特定虚拟化平台的实现机制与关键技术；最后，给出了无线网络虚拟化平台的评估参数与方法，为无线网络虚拟化平台的设计与不同平台的比较提供参考。

## 3.2　无线网络虚拟化平台概述

在计算机领域，虚拟化技术的本质是资源管理，对物理计算资源进行抽象，有效融合不同硬件的特有属性，形成由计算实体构成的计算资源池，于上层应用而言仅仅表现为一种计算能力[1-3]。虚拟资源的重要特征是底层硬件无关性。计算机领域的 IT 类虚拟化平台是位于虚拟机和底层硬件之间的一个软件层，可以隐藏硬件细节，对外提供一个抽象、统一、虚拟的计算平台[4]，如图 3.1(a)和图 3.1(b)所示，可提供软件定义的无线网络功能的硬件运行环境，尤其适合非实时的无线网络功能如核心网功能等。对比计算机领域的虚拟化，基站特定的虚拟化平台的目标是抽象基站相关的物理资源，将其重新组织成可以被多个不同软件定义、功能更高效、使用形式更灵活的逻辑基站，从而使得基站逻辑功能和底层物理硬件解耦，如图 3.1(c)所示。例如，当无线接入网基站业务负载高时，它可以占用多个 CPU 核；当负载低时，它可以与其他无线接入网基站共享一个 CPU 核。

IT 类虚拟化平台基于虚拟机监视器对物理硬件的抽象或基于容器提供操作系统级进程来实现物理资源的抽象，构建硬件层与虚拟层之间的软件，实现虚拟化资源间的隔离与共享。如图 3.1(a)所示，虚拟机监视器将虚拟机与宿主机操作系统隔离，每个虚拟机需要一个完整的客户机系统(Guest OS)；而容器允许应用以非隔离的方式运行在相同的宿主机操作系统上，因此 Guest OS 是不需要的，如图 3.1(b)所示。

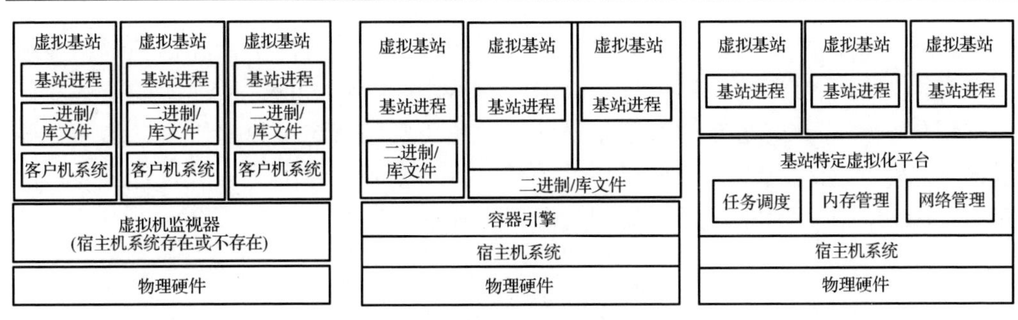


图 3.1　无线网络虚拟化平台

图 3.2 给出了无线网络基站特定虚拟化平台的架构。针对无线网络接入网基站的数据加速处理需求，该虚拟化平台主要包括三部分：物理资源抽象、虚拟资源池管理和虚拟基站管理。对于物理资源抽象部分，在 CPU、内存、网络接口、加速器等实际硬件设备上层，建立对应的物理资源抽象实体，用于管理实际的硬件设备，向上提供统一的操作接口。对于虚拟资源池管理部分，物理资源被整合成虚拟资源池，例如，计算资源池、存储资源池、频谱资源池等，虚拟资源池与物理资源的映射在该部分完成。虚拟基站管理部分负责虚拟基站生命周期以及虚拟基站迁移管理[5]。例如，一个虚拟基站生成时，将由该部分根据网络需求组织和调度相应的虚拟资源，以构成新的虚拟基站。

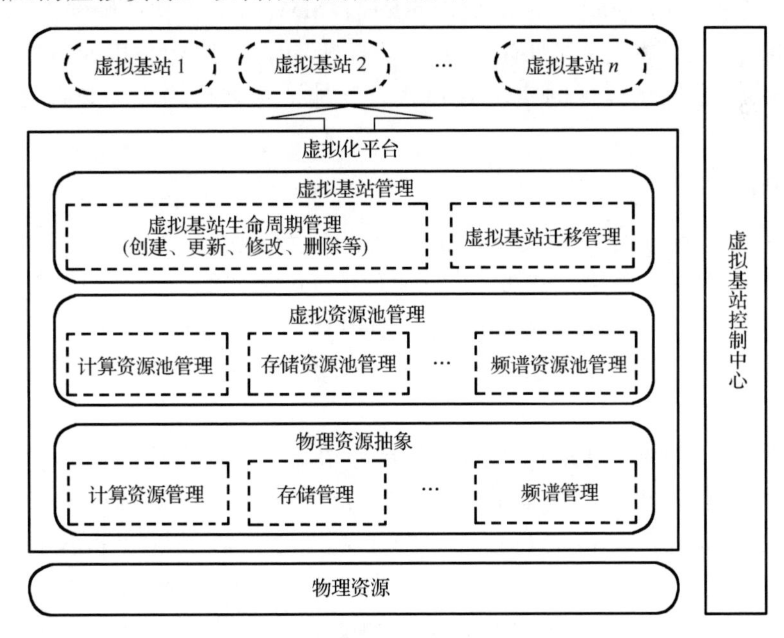


图 3.2　基站虚拟化平台的架构

当前主要有两类无线网络虚拟化平台。一类是广泛应用于计算机领域的虚拟化平台，如基于内核的虚拟机(Kernel-Based Virtual Machine，KVM)等，称为IT类虚拟化平台。一类是专门为基站设计的，称为基站特定虚拟化平台。这两类虚拟化平台中，无线网络资源虚拟化是关键技术与基础，本书第4章进行了专门的介绍。因此，本章将重点阐述处理资源虚拟化的实现技术。

## 3.3 IT类虚拟化平台

从实现技术的角度，IT类虚拟化平台主要有两类虚拟平台：虚拟机监视器和容器。这两类平台的主要区别在于抽象层次是虚拟化还是隔离。虚拟机监视器提供物理硬件的抽象，而容器在操作系统级通过进程的隔离来实现的。容器相对于虚拟机监控器，是一个轻量级的选择，而虚拟机监控器有更好的隔离性、安全性，并能支持不同的Guest OS。常见的虚拟机监控器包括VMware的ESX，微软的Hyper-V，以及开源的虚拟机监视器Xen和KVM。常见的容器包括Docker和Linux容器(Linux Container，LXC)[6-9]。

### 3.3.1 虚拟机监视器

虚拟机监视器(Virtual Machine Monitor，VMM)从一个物理硬件资源中，虚拟出多个虚拟硬件资源，并保证每个虚拟硬件资源的高独立性和高透明度[10,11]。基于VMM的虚拟化技术的实现方式分为三种：全虚拟化、半虚拟化和硬件辅助虚拟化。

1)全虚拟化

由于X86架构本身并不支持虚拟化技术，为了弥补X86固有的虚拟化漏洞，虚拟机软件通常采用二进制动态翻译的方式，对不支持全虚拟化技术的一些核心指令进行跟踪并在其执行时进行动态翻译，通过翻译后的指令直接访问虚拟硬件。同时，所有用户级指令还可以直接在CPU上执行来确保虚拟化的性能[12]。

全虚拟化与其他虚拟化技术的最大区别在于，它不需要对虚拟化技术不支持的系统命令进行动态二进制替换。在全虚拟化中，虚拟机模拟一个足够强大的硬件为虚拟机(Virtual Machine，VM)提供服务，使客户机操作系统完全独立于真实的物理服务器运行。全虚拟化技术的最大优点在于不需要修改Guest OS的内核，所以有着良好的兼容性。相对于半虚拟化和硬件虚拟化技术，采用全虚拟化技术的虚拟机的隔离和安全性是最好的，迁移和移植能力也是最优秀的，但是因为X86平台对虚拟化技术支持的缺陷，它的运行开销也非常大。

2)半虚拟化

与全虚拟化不同，半虚拟化旨在提高虚拟机运行的性能和效率[13,14]。它采用Xen特有的超级调用技术，修改操作系统内核，替换掉X86架构中不支持全虚拟化的指令，比如内存管理、中断和时间保持等。在半虚拟化中，虚拟机模拟多个(但不是全部)底层硬件环境支持资源共享和线程独立，但是不允许客户机操作系统完全独立于物理硬件环境。半虚拟化虽然兼容性不好，但是能使虚拟机的性能得到显著的提升。不过由于半虚拟化技术的实现需要修改操作系统内核，如果VMM平台不支持半虚拟化技术，那么不开源的操作系统，比如Windows操作系统，将无法在VMM上运行和迁移。

3)硬件辅助虚拟化

硬件辅助虚拟化是指支持虚拟技术的CPU带有特别优化过的指令集来控制虚拟过程[15,16]，通过这些指令集，VMM会很容易提高性能，相比全虚拟化和半虚拟化的实现方式会在很大程度上提高性能。

现在市场上主流的硬件虚拟化技术包括Intel VT和AMD-V，这两种技术都为CPU增加了新的执行模式，即根用户(Root)模式，可以让VMM运行在Root模式下，而Root模式位于Ring0的下面。硬件辅助虚拟化技术由于弥补了X86平台对虚拟化技术支持的固有缺陷，VMM的设计相比于全虚拟化技术更为简化，效率相比于半虚拟化技术有所提高。

综上，全虚拟化技术和半虚拟化技术的最大不同在于，全虚拟化技术不需要修改虚拟机操作系统内核，而半虚拟化技术需要修改虚拟机操作系统内核。因而以Xen为代表的采用半虚拟化技术的VMM，只适合能够修改操作系统内核的Linux作为其客户机。硬件辅助虚拟化技术则是在虚拟化商业化道路上，随着多核技术的发展和硬件资源的不断优化而衍生出来的新的虚拟化技术。

### 1. KVM虚拟化技术

KVM的虚拟化需要硬件支持，是基于硬件的完全虚拟化。KVM的安装和使用相对于Xen来说十分简单和方便，并且功能强大[17]。KVM提供了图像界面的管理接口和命令行式的管理接口，可以根据使用的场景采用不同的方式，当然也可以使用Libvirt库(管理虚拟化平台的开源应用程序接口)进行虚拟机管理，

Libvirt 库拥有良好的移植性和强大的 API，并且提供了多种语言接口能对 Xen、KVM 以及虚拟操作系统模拟器 QEMU 等进行管理[17-19]。

1）CPU 虚拟化

图 3.3 展示了使用 Intel VT 技术实现的 VMM 的典型结构。上层是通用功能，如资源管理、系统调度等。下层是平台相关的部分，即使用 Intel VT 实现的处理器虚拟化、内存虚拟化和 I/O 虚拟化。

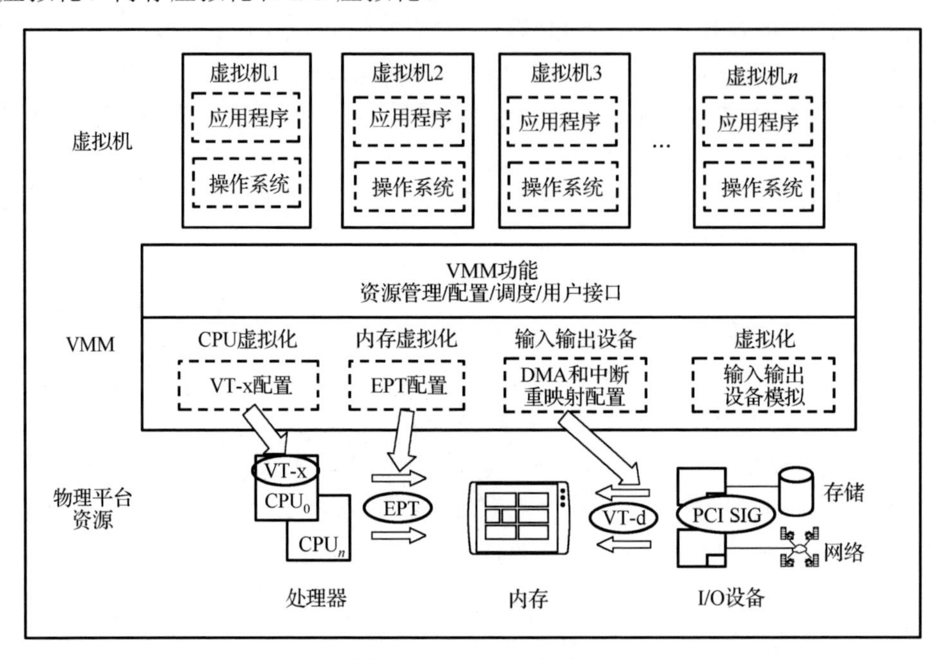


图 3.3　Intel-VT 技术

VT-x 是针对处理器的虚拟化技术，VT-d 是针对芯片组的虚拟化技术，PCI SIG 为外围部件互连专业组。

2）内存虚拟化

虚拟化采用的内存管理机制主要分为影子页表、增强页表（Enhanced Page Table，EPT）两种机制。

（1）影子页表。

由于宿主机内存管理单元（Memory Management Unit，MMU）不能直接装载客户机的页表来进行内存访问，所以当客户机访问宿主机物理内存时，需要经过多次地址转换。首先根据客户机页表把客户机虚拟地址转换客户机物理地址，然后通过客户机物理地址到宿主机虚拟地址的映射并转换成宿主机虚拟地址，最后根据宿主机页表把宿主机虚拟地址转换成宿主机物理地址。而通过影子页表，则可以实现客户机虚拟地址到宿主机物理地址的直接转换，如图 3.4 所示。

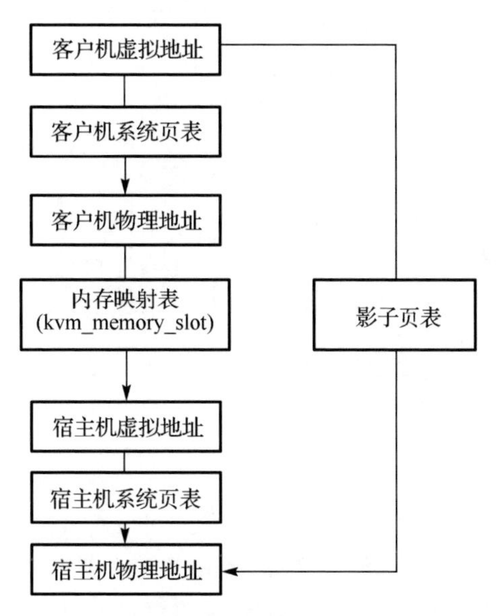


图 3.4 客户机虚拟地址到宿主机物理地址的转换

影子页表简化了地址转换过程，实现了客户机虚拟地址空间到宿主机物理地址空间的直接映射。但是由于客户机中每个进程都有自己的虚拟地址空间，所以 KVM 需要为客户机中的每个进程页表维护一套相应的影子页表。在客户机访问内存时，真正被装入宿主机 MMU 的是客户机当前页表所对应的影子页表，从而实现了从客户机虚拟地址到宿主机物理地址的直接转换。而且，在页表缓存(Translation Lookaside Buffer，TLB)和 CPU 缓存上缓存的是来自影子页表中客户机虚拟地址和宿主机物理地址之间的映射，因此提高了缓存的效率。

(2) EPT。

EPT 技术在原有客户机页表对客户机虚拟地址到客户机物理地址映射的基础上，又引入了 EPT 来实现客户机物理地址到宿主机物理地址的另一次映射，这两次地址映射都是由硬件自动完成。客户机运行时，客户机页表被载入 CR3 控制寄存器，而 EPT 被载入专门的 EPT 指针寄存器(Enhanced Page Table Pointer，EPTP)。EPT 对地址的映射机理与客户机页表对地址的映射机理相同，图 3.5 展示了一个大小为 4K 的页表映射过程。

PML4E 为 4 级页表入口，PDPTE 为页目录指针表入口，PDE 为页目录入口，PTE 为页表入口。

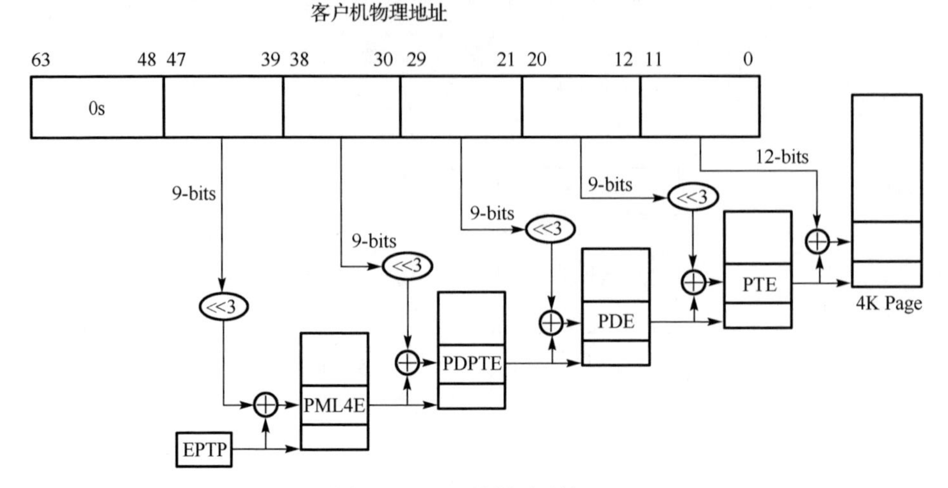


图 3.5　EPT 地址映射机理

在客户机物理地址到宿主机物理地址转换的过程中，由于缺页、写权限不足等原因也会导致客户机退出，产生 EPT 异常。对于 EPT 缺页异常，KVM 首先根据引起异常的客户机物理地址，映射到对应的宿主机虚拟地址，然后为此虚拟地址分配新的物理页，最后 KVM 更新 EPT，建立起引起异常的客户机物理地址到宿主机物理地址之间的映射。对 EPT 写权限引起的异常，KVM 则通过更新相应的 EPT 来解决。

可以看出，EPT 相对于前述的影子页表，其实现方式大大简化。而且，由于客户机内部的缺页异常不会致使客户机退出，所以提高了客户机运行的性能。此外，KVM 只需为每个客户机维护一套 EPT，大大减少了内存的额外开销。

3）I/O 虚拟化

从处理器的角度看，外设是通过一组 I/O 资源（端口 I/O 或者是内存映射 I/O）来支持访问的，所以设备的相关虚拟化被称为 I/O 虚拟化。其思想就是 VMM 截获客户操作系统对设备的访问请求，然后通过软件的方式来模拟真实设备的效果。基于设备类型的多样化，I/O 虚拟化的方式和特点纷繁复杂。

一个完整的系统虚拟化方案在 I/O 虚拟化方面需要处理以下几部分：虚拟芯片组，即虚拟 PCI 总线布局，主要是通过虚拟化 PCI 配置空间，为客户机操作系统呈现虚拟的或是直接分配使用的设备，虚拟系统设备以及虚拟基本的输入输出设备，如显卡、网卡和硬盘等。

I/O 虚拟化主要包含三个方面的虚拟化：I/O 端口寄存器、内存映射 I/O（Memory-Mapped I/O，MMIO）寄存器、中断。主要解决以下几个关键问题。

(1)设备发现。

设备发现就是要让 VMM 提供一种方式，来使客户机操作系统发现虚拟设备，这样客户机操作系统才能加载相关的驱动程序，这是 I/O 虚拟化的第一步。设备发现取决于被虚拟的设备类型。

(2)模拟物理设备。

① 模拟一个所处总线类型是不可枚举的物理设备，而且该设备本身所属的资源是硬编码固定下来的。例如，工业标准总线(Industry Standard Architecture，ISA)设备、PS/2 接口键盘、鼠标、实时时钟及传统集成驱动器电子控制器。对于这类设备，驱动程序会通过设备特定的方式来检测设备是否存在，例如，读取特定端口的状态信息。对于这类设备的发现，VMM 仅需要在给定端口进行正确的模拟，即截获客户机对该端口的访问，模拟出结果交给客户机。

② 模拟一个所处总线类型是可枚举的物理设备，而且相关设备资源是软件可配置的，例如，PCI 设备。由于 PCI 总线是通过 PCI 配置空间定义一套完备的设备发现方式，并且运行系统软件通过 PCI 配置空间的一些字段对给定 PCI 设备进行资源的配置，例如，允许或禁止 I/O 端口和 MMIO，设置 I/O 和 MMIO 的起始地址等，所以 VMM 仅模拟自身的逻辑是不够的，必须进一步模拟 PCI 总线的行为，包括拓扑关系和设备特定的配置空间内容，以便让客户机操作系统发现这类虚拟设备。

(3)模拟虚拟设备。

目前在实现的规范还缺乏对模拟虚拟设备的规定，这种虚拟设备所处的总线类型完全由 VMM 自行决定，VMM 可以选择将虚拟设备挂在 PCI 总线上，也可以完全自定义一套新的虚拟总线协议，这样客户机操作系统必须安装新的总线驱动。

(4)访问截获。

虚拟设备被客户机操作系统发现后，客户机操作系统中的驱动会按照接口定义访问这个虚拟设备。此时 VMM 必须截获驱动对虚拟设备的访问，并进行模拟。

对于非直接分配给客户机操作系统的设备，其端口 I/O 指令本身是特权指令，处于低特权的客户机访问端口 I/O 会抛出异常，从而陷入到 VMM 中，交给设备模拟器进行模拟。对于 MMIO，VMM 把映射到该 MMIO 的页表设为无效，客户机访问 MMIO 时会抛出缺页异常，从而陷入到 VMM 中，交给设备模拟器进行模拟。对于中断，VMM 需要提供一种机制，使得设备模拟器在接收到物理中断并需要触发中断时，可以通知到虚拟中断逻辑，然后由虚拟中断逻辑模拟一个虚拟中断的注入。

对于直接分配给客户机操作系统的设备，其端口 I/O 可以直接让客户机访问。MMIO 可以直接让客户机进行映射访问。VMM 物理中断处理函数接收到物理中断后，辨认出中断源属于哪个客户机，直接通知该客户机的虚拟中断逻辑。

2. 虚拟机动态迁移

动态迁移就是保持虚拟机运行的同时，把它从一个物理实机迁移到另一个物理实机，并在目的物理实机上恢复运行的技术。动态迁移相比于虚拟机的静态拷贝迁移，可以在迁移的同时保证虚拟机上的服务不受虚拟机动态迁移的影响，方便用户的使用，提高服务器的使用效率，因而在服务器集群方面有着广泛的应用[20]。动态迁移需要对虚拟机的所有信息进行迁移，而虚拟机最重要的信息就是存储、网络和内存，因此完成存储、网络和内存的迁移是实现虚拟机迁移的关键。

(1) 存储设备的迁移。存储设备因数据量最大，迁移时会造成大量的时间和网络带宽的浪费，降低迁移的效率。为了减少迁移的时间和空间损失，通常采用网络文件系统(Network File System，NFS)共享的方式共享数据和文件系统，可以不用在动态迁移的过程中迁移虚拟硬盘资源。NFS 是 Free BSD 操作系统支持的文件系统中的一种，它允许一个系统在网络上与他人共享目录和文件。通过使用 NFS，用户和程序可以像访问本地文件一样访问远端系统上的文件[21]。所以，Xen 和 KVM 在迁移主机的过程中，完全可以不用迁移存储设备，从而节省大量的时间和带宽。此外，虚拟机磁盘数据迁移的实现方式还有停机迁移技术、按需取块的磁盘迁移技术和虚拟机全系统迁移技术等。

(2) 网络的迁移。在动态迁移过程中，VM 的所有网络设备，包括协议状态以及 IP 地址都要随之一起迁移。在局域网环境下，通过在源主机上生成请求并广播到网络上，通知其他节点源地址已经迁移至新的节点上，与新的地址绑定。这样就可以维持迁移之前的网络连接和地址，从而实现网络的无缝迁移。在广域网范围中，虚拟机在动态迁移之后会获取新的地址，这会导致原有的网络连接被破坏。基于 IP 隧道和动态域名服务协议的网络重定向方案可以解决这一问题。该方案需要在虚拟机将被停机、动态迁移即将完成时开启。通过 IProute2 命令，可以在源地址和目的地址之间建立起隧道。当虚拟机动态迁移完成、虚拟机可以在新地址进行响应时，更新虚拟机所提供服务的动态表项。这就使得新的连接会被指引到新的地址上。此外，还需要通过 IP 隧道把到达源地址的网络包转发给新的地址。在虚拟机动态迁移的最后一步，把虚拟机被停机的这段时间到达的网络包丢弃或加入队列[22]。这样，当虚拟机在目的端重新启动时，就拥有了两个地址，旧地址由旧连接通过隧道使用，新地址由新连接直接使用。当所有使用旧地址的旧连接都消失时，隧道就可以拆除了。

(3) 内存的迁移。在虚拟机动态迁移的过程中，内存迁移的过程主要由三个阶段组成具体为：Push 阶段，VM 运行过程中，如果它的一些内存页符合迁移条件，则通过网络将它们从源域拷贝到目的域上，同时根据一定的策略，迭代拷贝被修改过的、符合迁移条件的内存页；Stop-and-Copy 阶段，VM 停止工作，把剩余的脏页和从未被拷贝过的内存页拷贝到目的服务器上，等源域和目的域同步之后，从目的服务器上启动新的 VM，并释放源服务器上对应的资源空间；Pull 阶段，VM 在目的服务器上启动之后，如果发现有被访问到的内存页未被拷贝的情况，将会从源域的对应位置把该页拷贝过来[23]。

### 3.3.2 容器

由于基于 VMM 的虚拟化技术仍然存在一些性能和资源使用效率方面的问题，所以出现了一种称为容器的新型虚拟化技术。对于容器，它首先是一个相对独立的运行环境，有点类似于虚拟机，但是不像虚拟机虚拟化的那样彻底。

#### 1. Docker 容器技术

作为容器的代表技术，Docker 建立在 Linux 容器的基础上。与任何容器技术一样，就该程序而言，它有自己的文件系统、存储系统、处理器和内存等部件。Docker 是以 Docker 容器为资源分割和调度的基本单位，封装整个软件运行时的环境，为开发者和系统管理员设计的，用于构建、发布和运行分布式应用的平台。它是一个跨平台、可移植并且简单易用的容器解决方案。Docker 的源代码托管在软件项目托管平台 GitHub 上，基于 Go 语言开发并遵从 Apache 2.0 协议。Docker 可在容器内部快速自动化地部署应用，并通过操作系统内核技术(控制组群、命名空间等)为容器提供资源隔离与安全保障[8,9]。

控制组群(Control Groups，Cgroups)就是把进程放到一个组里面统一加以控制。官方的定义如下：Cgroups 是 Linux 内核提供的一种机制，这种机制可以根据特定的行为，把一系列系统任务及其子任务整合到按资源划分等级的不同组内，从而为系统资源管理提供一个统一的框架[19]。

Cgroups 可以限制、记录、隔离进程组所使用的物理资源(CPU、内存、I/O 等)，为容器实现虚拟化提供了基本保证，是构建 Docker 等一系列虚拟化管理工具的基石。

(1) Cgroups 的 API 以一个伪文件系统的方式实现，即用户可以通过文件操作实现 Cgroups 的组织管理。

(2) Cgroups 的组织管理操作单元可以细粒度到线程级别，用户态代码也可以针对系统分配的资源创建和销毁 Cgroups，从而实现资源再分配和管理。

(3) 所有资源管理的功能都以“子系统”的方式实现，接口统一。

(4) 子进程创建之初与其父进程处于同一个 Cgroups 的控制组。本质上来说，Cgroups 是内核附加在程序上的一系列钩子，通过程序运行时对资源的调度触发相应的钩子以达到资源追踪和限制的目的。

命名空间 (Namespace) 资源隔离从根目录、网络隔离、进程隔离等方面实现一个资源隔离的容器。关于根目录，需要改变根目录位置 (chroot) 命令，基于此实现根目录的挂载点切换，即文件系统被隔离了。关于网络隔离，为了在分布式的环境下进行通信和定位，容器需要独立 IP、端口、路由以及独立的主机名等，这将基于网络的隔离实现。关于进程间隔离，其目的是基于网络隔离实现有效的通信，这是通过权限设定实现的，即通过对用户和用户组的隔离实现了用户权限的隔离。最后，运行在容器中的应用需要有进程号，并需要与宿主机中的进程进行隔离。由此基本上完成了一个容器所需要做的隔离，Linux 内核中提供了 Namespace 隔离的系统调用，如表 3.1 所示。当然，真正的容器还需要处理许多其他工作。

表 3.1　Namespace 隔离

| Namespace | 系统调用参数 | 隔离内容 |
|---|---|---|
| UNIX 分时系统 | CLONE_NEWUTS | 主机名与域名 |
| 进程间通信 | CLONE_NEWIPC | 信号量、消息队列和共享内存 |
| 进程识别号 | CLONE_NEWPID | 进程编号 |
| 网络 | CLONE_NEWNET | 网络设备、网格栈、端口等等 |
| 挂载点 | CLONE_NEWNS | 挂载点（文件系统） |
| 用户 | CLONE_NEWUSER | 用户和用户组 |

实际上，Linux 内核实现 Namespace 的主要目的是实现轻量级虚拟化（容器）服务。在同一个 Namespace 下的进程可以感知彼此的变化，而对外界的进程一无所知。这样可以让容器中的进程对于共享系统无感知，仿佛在独立的系统环境中运行，以此达到独立和隔离的目的。需要说明的是，本节所讨论的 Namespace 实现针对的均是 Linux 内核 3.8 及其以后的版本。

2. 热迁移技术

自 Docker1.11 版本之后，Docker 开始支持热迁移，所谓热迁移就是将一个容器进行 Checkpoint 操作，并获得一系列文件，使用这一系列文件可以在本机或者其他主机上进行容器的热迁移[5]，如图 3.6 所示。容器热迁移主要带来以下几个好处。

(1) 服务器需要维护(如系统升级、重启等)时，通过热迁移技术把容器转移到别的服务器上继续运行，应用服务信息不会丢失。

(2) 对于初始化时间极长的应用程序来说，容器热迁移可以加快启动时间，当应用启动完成后会保存它的检查点状态，下次要重启时直接通过检查点启动即可。

(3) 在高性能计算的场景中，容器热迁移可以保证运行了许多天的计算结果不会丢失，只要周期性地进行检查点快照保存即可。

目前在能够创建并运行容器的命令行工具 runC 中使用了检查点和还原功能(Checkpoint and Restore in Userspace，CRIU)作为热迁移的工具，并实现了对容器的 Checkpoint 和 Restore 功能。

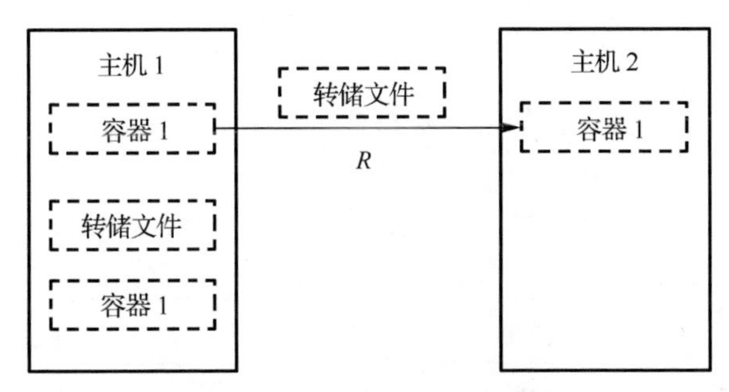


图 3.6　热迁移过程示意图

在 runC 中热迁移的工作主要是调用用户空间中的 CRIU 来完成。CRIU 负责冻结进程，并将其作为一系列文件存储在硬盘上，并负责使用这些文件还原这个被冻结的过程，具体过程如下。

1) 检查和保存

(1) 收集进程与其子进程构成的树，并冻结所有进程。

(2) 收集任务(包括进程和线程)使用的所有资源，并保存。

(3) 清理收集资源的相关寄生代码，并与进程分离。

2) 分离恢复

(1) 读取快照文件并解析出共享的资源，对多个进程共享的资源优先恢复，其他资源则随后需要时恢复。

(2) 使用分叉函数 fork 恢复整个进程树，注意此时并不恢复线程。

(3) 恢复所有基础任务(包括进程和线程)资源，除了内存映射、计时器、证书和线程。这一步主要是打开文件、准备 Namespace、创建套接字连接等。

(4)恢复进程上下文环境，恢复剩下的其他资源，继续运行进程。

runC 使用 SWRK 模式来调用 CRIU。这种模式是 CRIU 另外两种模式(命令行和远程调用)的结合体，允许用户需要的时候像使用命令行工具一样运行 CRIU，并接受用户远程调用的请求。

### 3.3.3　分析比较

#### 1. Docker 与虚拟机的区别

图 3.7 为 Docker 与虚拟机的架构图，二者在架构上存在两点不同[24-26]。

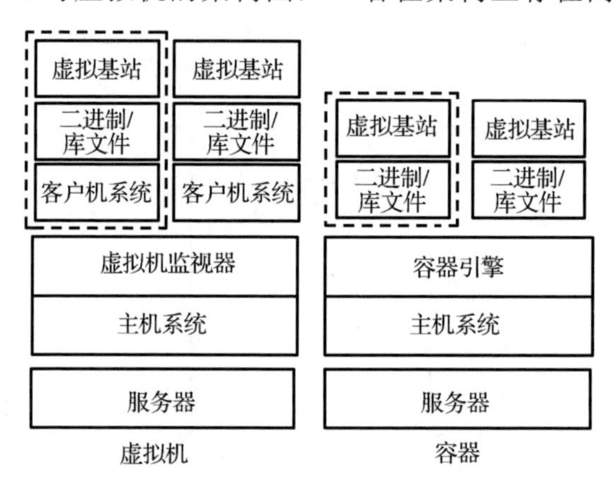


图 3.7　虚拟机与容器架构对比

以基于虚拟化运行虚拟基站为例，虚拟机的实现必须在宿主机上安装操作系统，对于虚拟基站而言，其实际上运行在两个堆叠的内核之上。Docker 的实现方式无须安装 Guest OS，而是依赖宿主机内核构建承载虚拟基站运行的容器，对于每一个虚拟基站而言，均共享宿主机操作系统内核，受其调度与资源分配，因此更加轻量级，加载速度也更快。

#### 2. 二者性能对比

1)计算效率比较

相比于原生操作系统，Docker 在计算能力方面与其几乎没有差距，而虚拟机计算能力存在 5%左右性能损耗。这是由于虚拟机增加虚拟硬件层，其架构与真实 CPU 不同，并且虚拟机内的应用程序运行时需依赖于 VMM 虚拟的 CPU，从而导致存在一定程度的性能差异。

2) 启动时间及资源耗费

Docker 充分利用宿主机操作系统内核，有效避免了虚拟机启动时操作系统加载消耗，利用 Docker 能在几秒内启动很多容器，而单个虚拟机启动往往需要几十秒。并且虚拟机启动时占用资源较大，大约占用 1 个逻辑核左右。

3) 内存访问效率

图 3.8 是 Docker 与虚拟机内存访问模型。对于应用程序的内存访问，Docker 的内存寻址能力与宿主机应用程序相近，但虚拟机应用程序需要两次的虚拟内存到物理内存映射，相对而言内存读写代价比 Docker 高。

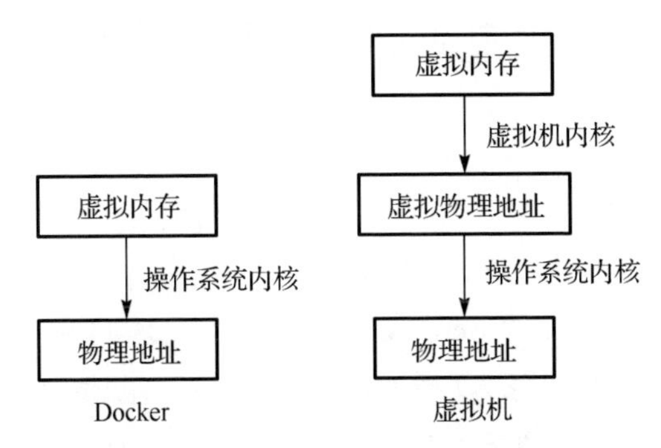


图 3.8　Docker 与虚拟机内存访问模型

综上，通信业务对可靠性要求高，虚拟机与容器相比多一层操作系统，基于硬件层面隔离，客户机操作系统运行在非根模式，所以虚拟机内的基站协议栈等通信软件如果发生致使内核崩溃的情况，也不至于影响其他虚拟机，这是因为虚拟机对于宿主机而言，仅仅为一个个进程。Docker 内多个容器共享宿主机操作系统内核，其中每个容器都具有宿主机操作系统根权限，若一个容器致使宿主机内核崩溃，将导致其他容器无法正常运行。虚拟机拥有比 Docker 更高的安全隔离性，有较多的高可用性工具，如克隆、快照、异地容灾、动态迁移等，相对 Docker 通过业务保障自身的高可用性，虚拟机有更高的可靠性。无线网络需要安全可靠的管理平台，成熟管理平台能有效地提高用户体验，虚拟机已广泛应用于云计算平台，有丰富高效的管理工具。

此外，由于虚拟化给操作系统内核带来的额外处理延迟，计算机领域的虚拟化平台可能无法满足无线网络的实时性要求。例如，Xen 的内核延迟抖动有时会超过 1ms，而 5G 每帧的处理时间需要小于 1ms。因此，若 IT 类虚拟化平台在虚拟基站中部署，需要做额外的优化工作。

IT 类虚拟化平台通过虚拟层和操作系统层，完全屏蔽应用程序与物理设备之间的关联，应用程序可以透明地运行在物理设备上。其优点是可移植性好、通用性好。应用程序无须修改，就可以在别的硬件设施上的虚拟机上运行。其缺点是虚拟化成本高，处理资源需要通过虚拟层调度然后再经过虚拟的操作系统调度，性能损耗大，时延保证困难。考虑到无线网络的实时性要求，可采用基于任务复用的虚拟化方式，在任务运行过程中没有其他管理程序干预，仅在任务分配或处理资源迁移过程中会对任务执行产生非常小的操作，因而资源损耗小，为实现实时虚拟化提供低时延保障。该技术将在 3.4.3 中具体介绍。

## 3.4　基站特定虚拟化平台

尽管 IT 类虚拟化平台已经得到了广泛的应用，但并不能直接应用于基站，实现基站虚拟化，主要原因如下：首先，由于基站有无线通信信号实时、高性能处理需求，大部分基站的处理资源是异构的，它不仅包括通用处理器，还包括数字信号处理器(Digital Signal Processor，DSP)或现场可编程逻辑门阵列(Field Programmable Gate Array，FPGA)等加速器，而 IT 类虚拟化平台通常只考虑通用处理器；其次，为满足基站的实时信号处理需求，IT 类虚拟化平台需要在处理实时性、低时延、处理抖动控制及实时迁移机制等方面进行功能及性能增强；最后，需要考虑如何将高精度时间同步机制引入通用平台，包括外部时钟源接口、时间同步恢复机制、时间同步传输机制，提供完整的时间同步解决方案。因此，基站特定虚拟化平台在满足基站实时信号处理实时、高性能处理需求的 IT 虚拟化平台的基础上，维护虚拟资源池与异构计算资源之间的映射，为快速生成虚拟基站提供统一接口，如图 3.2(c)所示。

### 3.4.1　基站特定虚拟化平台架构

当前基站设备的控制单元运行均采用通用服务器、以太网交换机与通用存储设备；信号处理单元设备采用基于 DSP 或 FPGA 的加速硬件进行加速处理；计算设备与加速设备通过高速互联接口互联，形成统一资源池。无线网络虚拟化平台在传统 IT 虚拟化平台的基础上，引入通信专用硬件加速器和全局定时器，基于软件定义与虚拟化技术完成对通用计算资源、通信专用硬件资源的抽象和封装及统一管理，实现基站功能的灵活虚拟化部署，基站功能间的灵活关联和数据流的灵活配置。基站特定虚拟化平台的架构如图 3.9 所示。

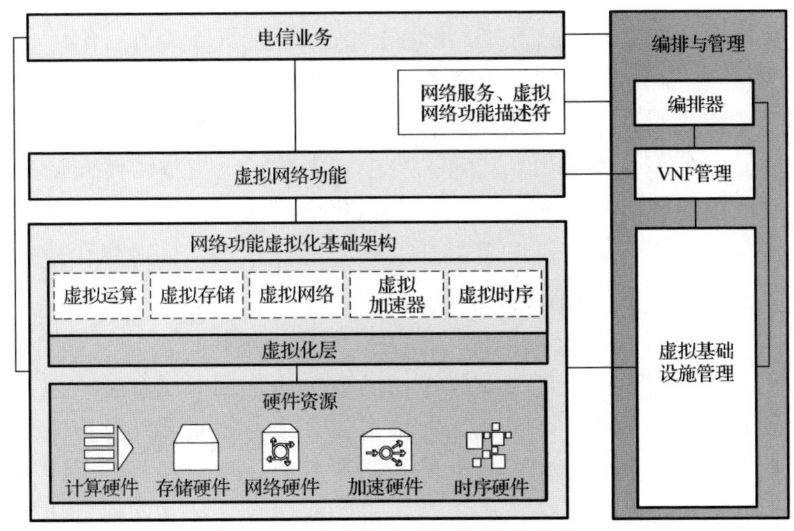


图 3.9　基站特定虚拟化平台架构

### 3.4.2　平台优化

基站的数据处理任务均为计算密集型的，对处理的性能、时延、抖动的要求高。根据基站虚拟化平台架构分析，需要从操作系统、虚拟化适配层等多个角度对系统性能进行提升，以更好地满足基站处理任务的性能需求。

(1) 进程调度：Linux 内核调度器将进程分为普通与实时两种。普通进程通过完全公平调度器(Completely Fair Scheduler，CFS)实现对 CPU 占用时间的公平调度，实时进程采用三种调度算法满足进程不同程度的实时性需求，其中三种算法具体为：先入先出(First Input First Output，FIFO)、轮询调度(round-robin)、最早截止时间优先(Earliest Deadline First，EDF)。在 5G 接入网虚拟化的场景中，大量进程(包括应用进程、内核进程以及虚拟机与容器)会共享云端服务器硬件，现有调度算法不能实现多进程的实时性保障，影响业务质量与用户体验。因此需要采用支持多 CPU 平台的分布式加权轮询调度算法与 EDF 算法相结合的方式对进程调度进行优化，提升全局实时性保障能力，以满足 5G 接入网虚拟化高性能与高实时性的需求。

(2) 内核抢占：操作系统内核本质上的功能是向应用程序提供服务，让每一个应用程序能够高速、高效地运行。因此，从应用程序的角度，所有内核的执行时间在某种程度上均可看成额外的开销；应用程序希望内核代码以最短时间完成，从而尽快返回被中断的应用进程或切换至另一进程。如果内核在运行过程中允许被中断，且允许调度器执行，从而使 CPU 切换执行另一进程，那么这样的内核设计称为可抢占内核。可抢占内核能避免内核占用过多 CPU 时间，解决用户进程的阻塞问题。需要进一步研究如何优化抢占内核在性能与实时性方面的平衡，从而更好地支持 5G 大数据量情况下接入网虚拟化的应用场景。

(3) 中断处理：网卡、时钟等中断的处理速度对 5G 接入网虚拟化应用的性能、实时性等指标至关重要。操作系统在内存中维护一个中断向量表，其每一项记录一个中断或异常处理函数的入口地址。当中断发生时，根据中断向量，CPU 自动跳转运行相应的中断处理函数。接入网虚拟化中操作系统的中断处理需要充分分析接入网虚拟化应用特点，并配置最佳的中断处理策略，同时优化中断处理延迟与抖动，确保虚拟化应用的高性能与实时性。

(4) 同步机制：操作系统内核使用同步机制协调多线程对共享资源的访问。同步机制直接影响操作系统性能与实时性，当大量进程同时运行时，同步机制的性能问题会凸显出来，因此对 5G 接入网虚拟化应用非常重要。操作系统主要同步机制包括原子操作、信号量、读写信号量、自旋锁、读写锁等，因此需要深入评测接入网虚拟化应用性能，分析内核同步机制瓶颈，设计与实现解决方案。

(5) 时钟管理：高精度与低延迟的时钟管理是实现基带处理单元虚拟化的必备条件。时钟源的精度对接入网虚拟化至关重要，X86 系统提供时间戳计数器(Time Stamp Counter，TSC)与高精度事件定时器(High Precision Event Timer，HPET)等纳秒级高精度时钟，操作系统需要优化时钟中断处理延迟，提高处理时间的可确定性，将处理时间的抖动范围降低至最小，以满足接入网虚拟化需求。

(6) 网络性能优化：接入网是高速数据处理设备，各个组件间的网络性能对数据处理非常重要。基于通用处理平台，采用数据平面开发套件(Data Plane Development Kit，DPDK)技术可一定程度上支撑高速数据处理。DPDK 是一个开源的数据平面开发工具集，提供了一个用户空间下的高效数据包处理库函数，它采用环境抽象层旁路内核协议栈、轮循模式的报文无中断收发、优化内存/缓冲区/队列管理、基于网卡多队列和流识别的负载均衡等多项技术，实现了在 X86 处理器架构下的高性能报文转发能力。

除了操作系统的优化提升，虚拟化技术的核心是虚拟机监视器软件和相应的硬件加速支持。5G 接入网虚拟化对 VMM 的性能、实时性、可靠性等均提出了比传统 IT 应用场景更加严苛的要求，虚拟化层同样需要针对 5G 接入网数据处理的性能要求进行优化。

(1) CPU 虚拟化：CPU 虚拟化是 VMM 中最核心的部分，其目标是将物理 CPU 硬件资源抽象出来，向虚拟机呈现出多个虚拟 CPU(Virtual CPU，VCPU)，而分配给每个虚拟机的 VCPU 个数与配置可以灵活多变，不受制于真实 CPU 的物理形态。虚拟层软件的性能与实时性对 5G 接入网虚拟化的应用场景至关重要。针对主机调度器与客户机内部进程优先级、进程持锁状况、优先级调整等进行研究，提升虚拟化情况下进程的实时性能。

(2) 中断与 I/O 虚拟化：中断与 I/O 虚拟化直接影响虚拟机的运行性能，需要避免跨 CPU 中断造成虚拟机的退出，提高虚拟机的性能与实时性。云操作系统的虚拟机调度器可以感知哪些服务器支持发布中断，哪些不支持，从而将高实时性虚拟机部署到支持发布中断的服务器上，提高虚拟机的实时性。外部中断绑定可实现在 VCPU 不退出的情况下完成中断的注入，提高虚拟机的性能与实时性。高精度虚拟机定时器支持虚拟机内定时器准时触发，提高虚拟机的实时性。

(3) 虚拟机迁移：动态迁移是指在保证客户机上应用服务正常运行的同时，让客户机在不同的宿主机之间进行迁移。其逻辑步骤和静态迁移几乎一致，有硬盘存储和内存都复制的动态迁移，也有仅复制内存镜像的动态迁移。不同的是，为了保证迁移过程中客户机服务的可用性，迁移过程只能有非常短暂的停机时间。在接入网虚拟化环境中，动态迁移可帮助服务器负载均衡，提高业务的可用性与实时性。为达到这些效果，优化迁移效率的各方面指标将至关重要。

根据基站虚拟化平台实时性、稳定性的要求，从上述操作系统、虚拟化适配层等多个角度对系统性能进行提升，以便更好地满足基站处理任务的性能需求。

### 3.4.3　平台的加速器虚拟化

面向无线接入网的实时性、大规模数据、密集运算的应用特点，基站中引入通信加速器硬件资源，通过通信加速器硬件资源低成本、低功耗地实现大规模数据处理和密集运算。通用加速器需要解决的问题是如何将硬件加速器资源纳入基站虚拟化资源中，与计算资源、存储资源、网络资源对等，构成加速器节点，并满足通用性要求，支撑上层多样化业务的差异化需求。

基站加速器并没有通用的基于操作系统级的虚拟化技术，因此，基站加速器的虚拟化采用基于任务复用的虚拟化的方式运行，即将基站相关的加速处理任务调度到合适的加速处理资源上，并管理加速处理资源与通用处理资源间的网络连接和信息交互。因此，基站特定虚拟化不是通常意义上的资源虚拟化，它实际上是通过基站处理任务之间的资源动态共享来实现资源的动态分配和虚拟化。基于任务复用的虚拟化方式在任务运行过程中没有其他管理程序干预，仅在任务分配或处理资源迁移过程中会对任务执行产生非常少的操作，因而资源损耗小，可以为通信加速处理提供低时延保障。

在 5G 基站中，基带加速器负责物理层业务信道比特级处理部分，即编解码功能，通用平台实现剩余物理层功能和 L2/L3 功能，其中前传接口有多种实现方式，以 opt7-2x 模式为例，采用这种接口时，快速傅里叶逆变换与快速傅里叶变换功能在扩展单元或远端单元实现，功能划分图如图 3.10 所示。

(1) 上行方向加速器负责物理上行共享信道解扰之后比特级处理，包括解码速率匹配，混合自动重传请求，低密度奇偶校验译码，循环冗余校验等。

(2) 下行方向加速器负责物理下行共享信道加扰之前比特级部分处理，包括循环冗余添加、速率匹配、低密度奇偶校验编码等。

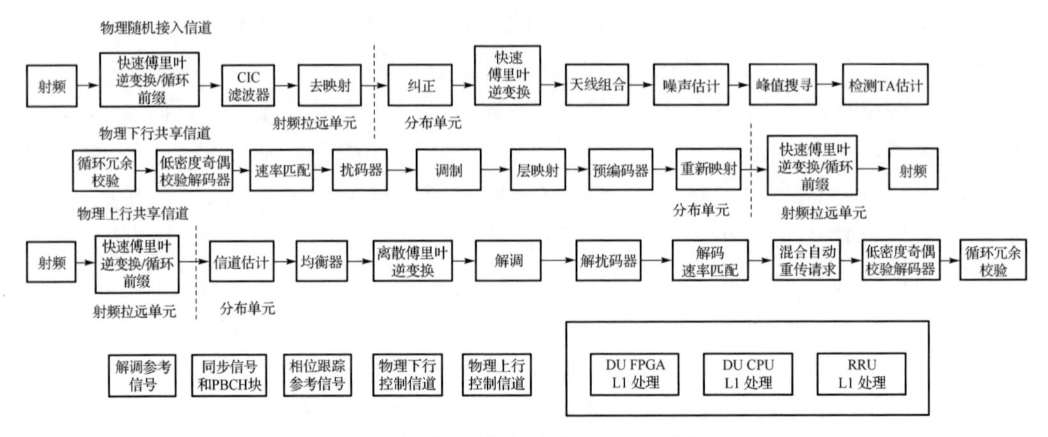


图 3.10　5G 通用平台与硬件加速单元功能划分方案(opt7-2x)

基带处理任务是串行任务，各个任务的输入数据依赖前置任务的输出，处理任务构成了有向无环图(Directed Acyclic Graph，DAG)，硬件加速器无法设计为在多个任务间时分双工模式切换并保存上下文环境功能，需要按照传统的排队调度方式占用硬件。因此虚拟化调度层必须要对所调度的通信任务的 DAG 结构进行了解，并且对 DAG 的每个节点计算需要的时间进行相应的估计，才能够在调度层执行时间最短的调度方式，同时确保执行时间不超时。基带加速器虚拟化层的设计逻辑如图 3.11 所示。

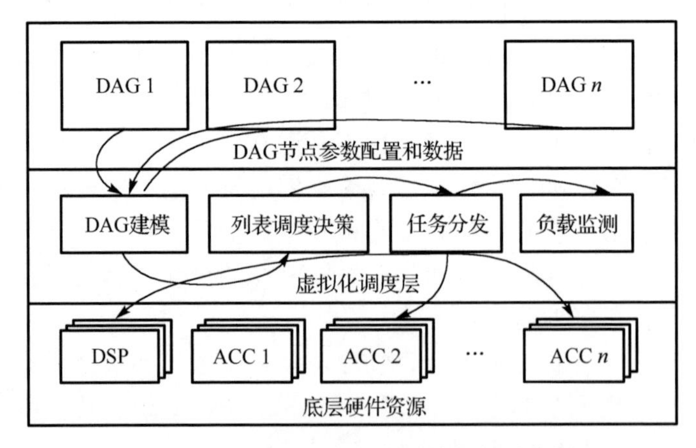


图 3.11　基站加速虚拟化系统逻辑结构图

整个基站加速器虚拟化层从逻辑上分成了三层。最底层是硬件资源层，这一层是各种物理的计算资源的集合，其中包括了 DSP 和 FPGA 等各种不同种类的硬件加速器(Accelerator，ACC)资源。最上层是虚拟基站的通信任务，用不同的 DAG 表示。中间这一层承担了任务解析和资源调度的工作，是基站加速器虚拟化架构的基础，其中包括了四个部分，具体如下。

(1) DAG 建模：这个子模块直接收集虚拟基站的参数配置，并且映射到相应的节点上进行建模。由于不同 DAG 的相同节点在逻辑上完成的是同样的工作，所以不同 DAG 的节点之间可以共用相同的算法模块，只是输入的配置参数和数据不同。在建模环节中，根据每个节点通过相应的算法模型，估计出该节点的执行时间。这样，通过对每个 DAG 的每个节点进行建模，可以完整地将通信协议物理层的调度任务转变为每个子节点具有明确执行时间的 DAG 图，并进行调度。

(2) 列表调度决策：这个子模块通过列表调度的方式，决定多个 DAG 中各个节点调度的先后关系，并且将当前时间调度的模块传送给任务分发系统。

(3) 任务分发：这个子模块的功能和传统的物理层调度控制模块的功能相似，都是把相应的任务、参数和输入配置给相应的计算资源进行处理。不同之处在于，任务分发模块中，分发的任务不是单个 DAG 中某个节点的任务，而是所有 DAG 节点的任务。并且，将哪一个具体任务映射到哪一个具体的计算资源上进行计算是由列表调度决策模块决定的，而不是按照传统物理层调度用固定方式对任务进行映射。

(4) 负载监测：这个子模块与任务分发模块进行交互，从而获得其中的调度信息。通过调度信息，负载监测模块可以推得整个计算单元的 DAG 调度状态，从而提取出能够表征目前整个计算单元负载的信息。对负载状态的监测可以为虚拟化调度系统提供负载管理的依据。

## 3.5　平台评估参数与方法

### 3.5.1　评估指标设计

为了验证、比较和分析无线网络虚拟化平台，以虚拟化平台运行虚拟基站为实验评估场景，定义了性能指标并开展了实验。关于性能指标定义，一方面指标制定的主要目的是反映虚拟化平台支持虚拟基站的能力，另一方面，也可以根据这些指标为基站资源分配提供参考。在设计这些指标时需考虑全面性、公平性、有效性。全面性指的是所测对象虚拟基站(Virtual Base Station，VBS)的综合性能体现，不局限一个方面。公平性指的是指标应该在不同的测试对象之间公平。例如，有些测试对象使用虚拟机技术来实现平台，而另一些使用容器技术，度量标准应该抽象出这些实现细节。有效性指的是测试指标确实能给基站虚拟化平台部署提高参考，并且实际应用过程中与测试结果保持高度一致。遵循这些基本原理，选择和设计度量标准，共同全面描述虚拟化平台的性能，如表 3.2 所示，这些指标分为微观层面和宏观层面两大类。

表 3.2　虚拟化平台的评估指标

| 类别 | 描述 | 度量 |
|---|---|---|
| 实时性 | 测量虚拟化平台的系统内核延迟 | 内核延迟、延迟抖动 |
| 虚拟化开销 | 使用密集型基准、BS 实际任务测量虚拟化开销 | 性能开销比 |
| VBS 需求 | 衡量 VBS 是否满足某些标准定义的无线接入性能要求 | 满足度 |
| BS 资源虚拟化 | 衡量虚拟化平台的资源效率性能 | 资源利用率、隔离安全 |
| VBS 动态迁移 | 测量 VBS 的迁移性能 | 总迁移时间、停机时间 |
| BS 功能虚拟化 | 支持 BS 功能虚拟化的能力 | VBS 创建、删除延迟 |

1. *微观层面*

微观层面的指标量化了虚拟化平台的基本性能，如实时性能、虚拟化开销等。其充分反映基站硬件平台是否有效支持虚拟化，对于虚拟基站任务处理方面是否高效。虽然有些度量标准在虚拟机中是标准的，但是选择它们是因为其对于 VBS 性能评估至关重要，而传统的评估方法没有针对性，显然是不够的。

(1) 实时性。为了满足基站的实时任务要求，VBS 的业务处理必须有严格处理周期限制。然而，虚拟化平台通常会给操作系统内核带来额外的处理延迟。因此，必须测试虚拟化平台的实时性能是否影响虚拟基站的协议处理。为了评估实时性能，可以使用工具循环测试获得包括内核延迟和内核延迟抖动在内的指标。

(2) 虚拟化开销。由于任何虚拟化的解决方案都不是资源免费的，它们的性能开销会导致 VBS 的负面影响。可以通过比较虚拟化平台的工作负载性能和运行相同配置的物理机器的性能来度量开销。为了全面评估虚拟化开销，选择经典的具有不同特点基准测试程序，包括 CPU 密集型、内存密集型、磁盘 I/O 密集型、网络 I/O 密集型工作负载；同时也使用基站相关的任务量，包括协议、基带处理等。

2. *宏观层面*

宏观层面的指标量化了虚拟化平台支持虚拟基站运行的能力和效率。这些指标反映了虚拟化平台的 BS 资源利用效率、功能虚拟化性能、VBS 基本运行需求。

(1) VBS 需求。虚拟化平台可以确保 VBS 作为实际基站运行，这是一个基本要求。换句话说，VBS 应该满足某些标准所定义的无线电访问性能需求，例如，

3GPP TR 36.913 和 3GPP TR 38.913。满足度 $D_s$ (是否影响 BS 正常业务处理)被定义为 1 或 0，以表示 VBS 要求是否满足。尽管标准定义的所有需求都可以进行测试，为了简化评估过程，推荐具有代表性的性能指标，如峰值数据率、带宽等，因为它们受到虚拟化技术的影响比其他性能(如覆盖率、移动性)更显著。

(2) BS 资源虚拟化。虚拟化平台最重要的特性之一是支持基站资源虚拟化。在同一虚拟化平台上运行的 VBS 资源可以动态共享，因此 VBS 可以根据需求进行扩展，以提高资源利用效率。为了度量 BS 资源虚拟化性能，定义了 VBS 资源利用率和多 VBS 隔离安全，VBS 资源利用率反映了其实际的基站资源占用情况，如通过相应的监测工具计算出 CPU 平均占用率、内存平均占用情况等。多 VBS 隔离安全指的是虚拟化环境下，单一平台是否可以部署多个 VBS，并且各自的业务处理互不影响，从硬件资源利用的角度看，其实现了单一板卡的资源利用效率最大化。

(3) VBS 动态迁移。为了提高能源和资源效率，虚拟化平台可以从一个物理处理单元迁移至另一物理处理单元。迁移过程中的停机时间太久可能会导致用户通信中断。如果通信中断时间超过某个阈值，用户将认为它是一个无线链路故障，并触发与 BS 的重新连接。因此，虚拟化平台应该改进动态迁移性能，以减少对用户与基站之间通信的负面影响。总迁移时间和停机时间是量化 VBS 迁移性能的主要指标。总迁移时间是从 BS 开始迁移过程直到虚拟化平台通知源板卡迁移已经完成的时长，而停机时间是 BS 在迁移期间的处理停止阶段的时长。为了更好分析 VBS 的迁移问题，采用了 Post-copy 与 Pre-copy 迁移算法，分析迁移对基站实际业务的影响。当采用 Post-copy 迁移算法，虚拟基站处理终端的音频、视频、下载的业务时，目的板卡需频繁的从源板卡按需取页造成的时延严重影响 VBS 1ms 调度周期，造成 VBS 业务处理中断、反复丢包，表现为用户较大的延时体验。而采用 Pre-copy 迁移算法对 VBS 任务进行迁移，当负载较大时，在一定时刻会造成终端较大的延时，整个迁移其他阶段终端与未迁移时体验一致，通过监测 VBS 的丢包情况，也表明丢包数基本与这段停机时间一致。

(4) BS 功能虚拟化。虚拟化平台将 BS 功能和物理设备解耦，无线功能实体如无线链路控制层、无线资源控制等以虚拟网络功能(Virtual Network Function, VNF)形态表现，实现了 BS 类似软件形式的管理编排。为了评估虚拟化平台支持 BS 功能虚拟化的能力，定义了创建和删除 VBS 所产生的延迟时间。创建延迟表示形成一个新的 VBS 所需的时间，从请求 BS 到准备为用户提供服务所用时间，删除延迟则表示删除一个不再使用的 VBS 所用时间，从开始删除到 VBS 释放所有占用资源的时间。

### 3.5.2　评估方法与示例

对应 3.5.1 节定义的微观和宏观两类性能评估指标分，需要设计一种两级性能评估方法，以全面测试和分析虚拟化平台性能。如图 3.12 所示，微观和宏观两类指标将在 VBS 的不同部分测量。为评估微观指标，基准负载需要运行在虚拟化平台上，以获得内核延迟、虚拟化开销等底层微观指标。选择基站相关的处理任务，如协议处理任务、基带处理任务等，作为评估微观指标的主要负载。同时，可以结合计算机领域用于虚拟机的经典基准负载，如 STREAM、Iperf 等。

宏观指标的评估将需要运行完整的虚拟基站来进行。根据测试需求不同，需要为虚拟基站输入不同的业务流量。例如，为评估资源利用率这一指标，需要创建多个虚拟基站，并为基站配置高流量负载和低流量负载。由于宏观指标是直接从虚拟基站获取的，因此虚拟化平台的宏观指标评估可以看作是一种黑盒测试过程。

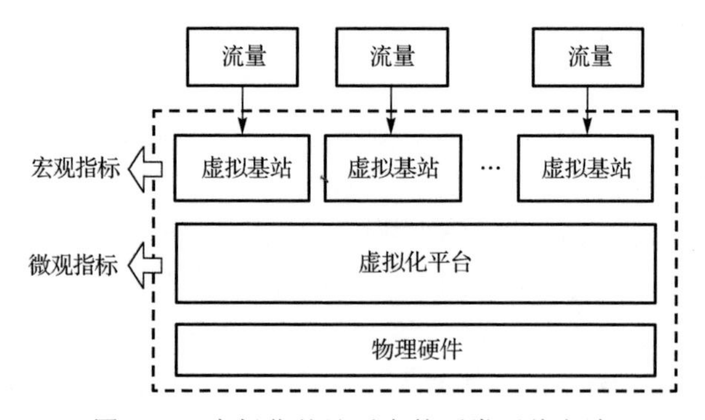


图 3.12　虚拟化基站平台的两类评估方法

基于以上评估指标和方法，本节将给出基于 KVM 的虚拟化平台评估示例。QEMU 版本为 2.5，VBS 为 LTE 协议栈。基站虚拟化实验在 1 台支持 Intel VT 技术的基站板卡上进行，机器配置如表 3.3 所示。

**表 3.3　实验环境中机器配置信息表**

| 名称 | 配置信息 |
|---|---|
| CPU | 2 颗(E5-2630V4　10 核　L3 缓存：25MB) |
| 内存 | 64GB(4×16GB) 2133 MHz DDR4 |
| 磁盘 | 三星 Samsung PM835T 960GB SSD(SATA6.0Gbit/s) |
| 网络连接 | 1Gbit/s 以太网 |

1. CPU 性能测试

y-cruncher 是基于多线程的典型 CPU 密集型测试工具，能充分反映 CPU 浮点计算能力。该工具提供了不同的输出，具体包括：从开始启动线程计算到结束结果显示所用的总时间；计算圆周率(PI 运算)所用时间；CPU 进行 PI 运算时多核效率。实验设置圆周率位数为 50 亿位，每个虚拟机配置为 40VCPU 和 1GB 内存，实验结果如图 3.13 所示。可以看出，本次 y-cruncher 测试实例中，进行 PI 运算后，所用总时间、计算 PI 时间，相较于宿主机分别存在 0.0242、0.0298 的性能损失，客户机(虚拟机)CPU 性能约为宿主机性能的 97%，这是 PI 运算敏感指令导致从非根模式切换到根模式(VM-Exit 陷入)与从根模式切换到非根模式(VM-Entry 切换)反复交替，虽然 Intel VT 采用了硬件加速技术，但其切换开销不可避免。从表 3.4 结果还可以看出客户机多核利用率与原生系统存在约 0.227%性能差距，表明 KVM 很好地利用处理器的多核功能，其 VMM 在调度方面充分利用硬件资源，很好地保证了虚拟机的实时调度。

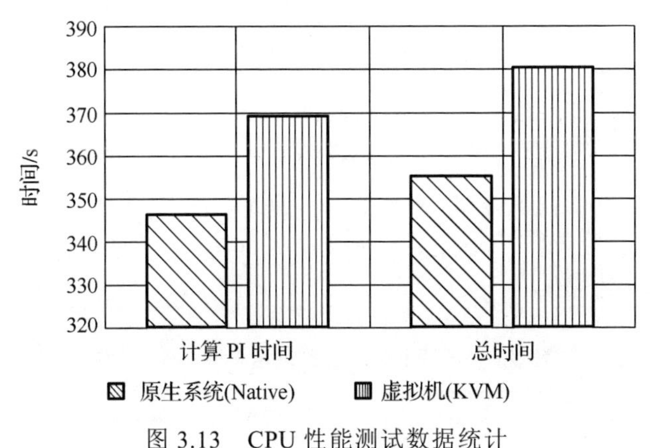


图 3.13　CPU 性能测试数据统计

**表 3.4　PI 运算的多核效率**

| 测试平台 | 多核效率/% |
| --- | --- |
| 原生系统 | 91.996 |
| KVM | 91.769 |

此外，为了验证 KVM 在多负载下的 CPU 综合性能表现，实验选取编译内核作为基准，在内核编译过程中，存在大量的系统调用，CPU、内存、磁盘的负载相对较重，属于典型的 CPU 密集型应用。实验以编译时间作为参考指标，分别运行 1～4 个 KVM 虚拟机，每个虚拟机同时进行内核编译，配置均为 10VCPU 和 1GB 内存，通过数据统计结果如图 3.14 所示，可以看出，随着虚拟机数量增加，每台虚拟机内核编译时间有所上升，显然多虚拟机运行造成单一虚拟机性能下降，这表明 VMM 在高 CPU 负载下，多客户机调度确实存在一定的不确定性，但总体

而言，并没有让每个虚拟机之间的处理性能存在较大差距，各自性能下降在一个比较合理的范围，从单一基站硬件平台的资源利用角度看，支持多客户机运行CPU密集型应用，大大提高了基站硬件资源的整体利用效率。

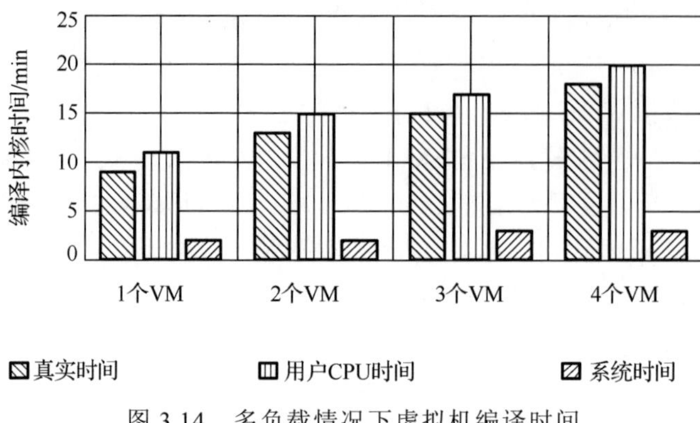


图 3.14　多负载情况下虚拟机编译时间

2. 内存性能测试

STREAM 属于测试内存带宽工具，支持数组的复制(Copy)、数组的尺度变换(Scale)、数组的矢量求和(Add)、数组的复合矢量求和(Triad)四种内存读写操作，定义如表 3.5 所示。

**表 3.5　STREAM 工具性能测试操作类型**

| 操作类型 | 操作含义 |
| --- | --- |
| Copy | 读出某一个内存单元值，再将该值写入另一个单元 |
| Scale | 读出某一个内存单元值，进行乘法运算后将结果写入另一个单元 |
| Add | 读出内存单元的两个值，进行加法运算后将结果写入另一个内存单元 |
| Triad | 先读内存单元两个值 A、B，接下来进行乘加混合运算(A+因子×B)，最后将计算结果写入另一内存单元 |

为了避免 L3 缓存对实验结果的影响，STREAM 运算内存均为 L3 缓存大小两倍以上，虚拟机配置为 40VCPU 和 1GB 内存，实验结果如图 3.15 所示。实验结果表明，本次 STREAM 测试实例中，进行 Copy、Scale、Add、Triad 等操作时，其内存带宽相较于宿主机，分别存在 0.0581、0.0470、0.0478、0.0479 的性能差异。造成 KVM 虚拟机内存带宽下降的主要原因是其应用程序寻址路径从 GVA 转换为 GPA，通过 EPT 加速技术将 GPA 转换为 HPA。相比原生系统其增加了一层地址转换，虽然 EPT 技术加快了转换效率，但仍存在性能差距。

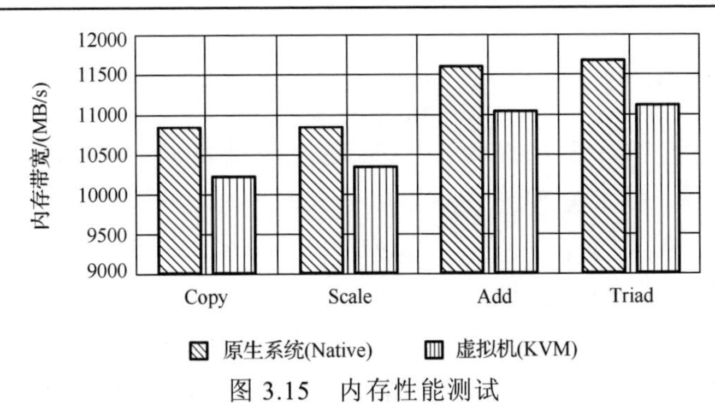


图 3.15　内存性能测试

此外，为了验证 KVM 在多负载下的内存综合性能表现，实验选取内存测试工具 LMbench 作为基准。通过文档读写、进程创建销毁、内存频繁读写等操作评估内存的综合性能。实验以内存带宽、内存操作延时作为参考指标，分别运行 1～4 个 KVM 虚拟机，每个虚拟机配置为 10VCPU 和 1GB 内存，分别同时运行 LMbench 基准，实验结果如图 3.16 和图 3.17 所示，可以看出，多负载情况下，虚拟机内存平均性能有所下降，约为 2.5%。而在内存操作延时方面，同样存在相应的性能损失，这是由于在多虚拟机情况下，为了保障每个虚拟机性能，其资源分配基于公平调度原则。因此，在多虚拟机情况下，本地通信带宽和内存操作延时开销会多于运行单个虚拟机。

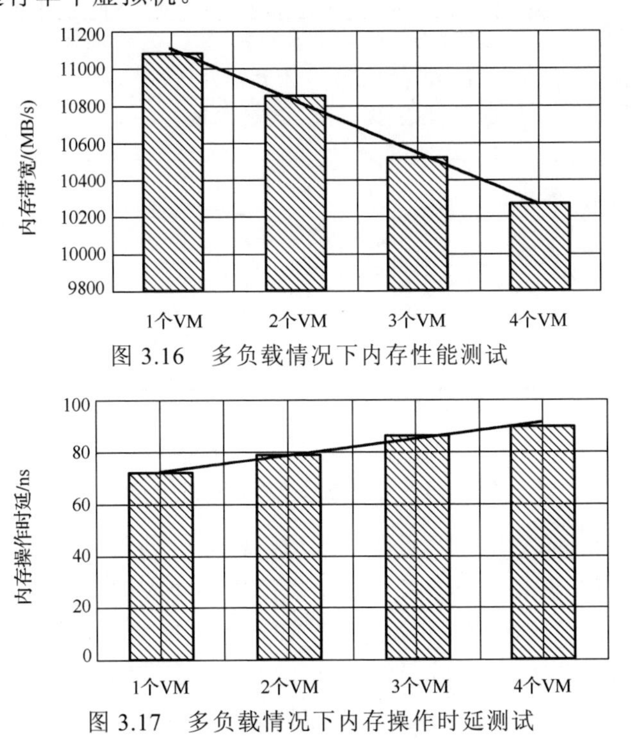


图 3.16　多负载情况下内存性能测试

图 3.17　多负载情况下内存操作时延测试

3．网络性能测试

利用 Iperf 基准负载网络性能参数进行测试，其中性能参数包括：时延(Round-Trip Time，RTT)、带宽、数据包丢失率和延迟抖动。实验过程中，每个虚拟机配置为 40VCPU 和 1GB 内存，结果如图 3.18 和图 3.19 所示，相较于原生系统，KVM 的网络时延、带宽和数据包丢失率分别下降 67.54%、0.42%和 33.59%，其中网络时延下降浮动较大，主要原因是 KVM 增加了 Guest OS 一层，报文转发时用户态到内核态开销增加明显，从延迟抖动数据看二者相差不大，均为 0.119 ms，表明在内核延迟方面虽然有所差距，但浮动变化有限。网络带宽方面较原生系统相差不大，这是由于基站网络虚拟化采用 virtio 半虚拟化驱动方案，其性能几乎可达到与原生系统同样的 I/O 性能。在网络数据丢包率方面与原生系统有一定差距，这是由于内核延迟造成报文处理存在不确定性。综上，整体网络传输稳定性方面 KVM 相对稍差。

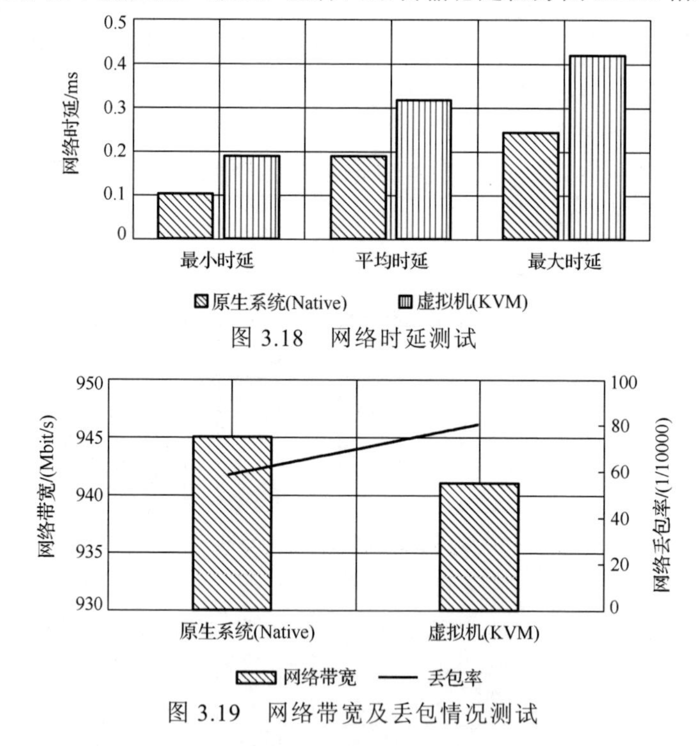


图 3.18　网络时延测试



图 3.19　网络带宽及丢包情况测试

此外，为了验证 KVM 在多负载下的网络综合性能表现。采用 netperf 测评工具，以网络吞吐量为衡量标准，每个虚拟机配置为 10VCPU 和 1GB 内存，实验结果如图 3.20 所示，表明多负载情况下 KVM 虚拟机网络平均性能有所下降，但差距相差不大。网络性能下降的主要原因是虚拟机调度基于公平调度原则，进行网络资源调度时，由于虚拟机业务的高重复性，所以多虚拟机网络性能有所降低。

从物理机资源占用情况可以看出，物理机 CPU 占用率随负载升高有所增加，已经最大化地进行虚拟机资源调度，故多负载下网络性能差距较小。

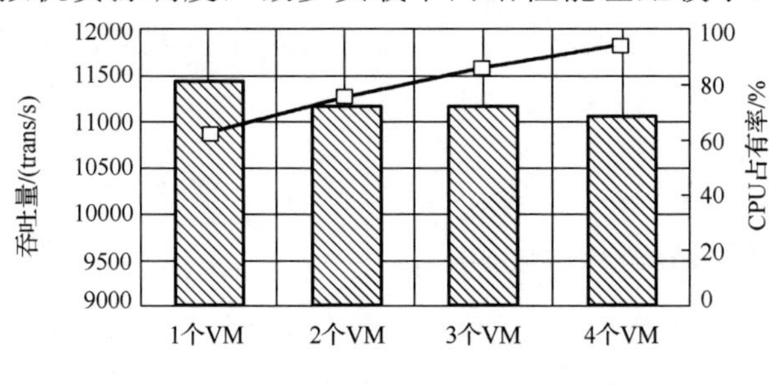


图 3.20　多负载情况下网络性能测试结果

4. *磁盘性能测试*

采用 Bonnie++来进行磁盘性能测试。Bonnie++是测试磁盘 I/O 性能的测试工具，支持顺序写测试、顺序读测试、随机读写测试、顺序创建文件测试、随机创建文件测试操作，其中顺序写测试和顺序读测试操作定义如表 3.6 所示。

**表 3.6　Bonnie++工具测试操作类型**

| 操作类型 | | 含义 |
|---|---|---|
| 顺序写测试 | 字符 | 每次顺序写入一个字符，完成整个文件的按字节写入 |
| | 块 | 每次顺序写入一个块，完成整个待测文件按块写操作 |
| 顺序读测试 | 字符 | 每次一个字符，顺序读出，完成整个文件 |
| | 块 | 每次顺序读出一个块，完成待测文件的按块读操作 |

每个虚拟机配置为 40VCPU 和 1GB 内存，测试时测试文件大小为 20GB，实验结果如图 3.21 和图 3.22 所示。本次 Bonnie++测试实例中，进行字符写入、块写入、字符读出、块读出等操作时，其磁盘读写性能相较于宿主机，分别存在 0.0849、0.2245、0.072 和 0.1301 的性能差异。基站的磁盘虚拟化采用 qcow2 磁盘格式，支持写时拷贝，磁盘加速技术采用 virtio 半虚拟化方案，这些都一定程度上提高了虚拟机磁盘性能，但仍与宿主机磁盘读写存在不少差距。此外，从 CPU 负载变化情况也表明，磁盘读写操作时，KVM 虚拟机的 I/O 操作容易被中断，CPU 利用率浮动较大，而宿主机一直保持在 99%左右。显然 I/O 操作引起的 VM-Exit 陷入和 VM-Entry 切换影响了磁盘的读写性能。

此外，为了验证 KVM 在多负载下的磁盘综合性能表现。采用 FI/O 测评工具，以每秒进行读写操作次数(Input/Output Operations Per Second，I/OPS)衡量磁盘 I/O 的随机访问性能。实验过程中，每个虚拟机均配置为 10VCPU 和 1GB 内存，测试文件大小为 20GB，实验结果如图 3.23 所示。KVM 虚拟机在多负载情况下磁盘 I/OPS 结果呈下降趋势，显然，多虚拟机同时进行磁盘读写时，其受限于宿主机 I/O 调度，整体而言，I/OPS 值呈现合理性的下降趋势，这里表明 Hypervisor 较好地保证了每台虚拟机的磁盘 I/O 性能。

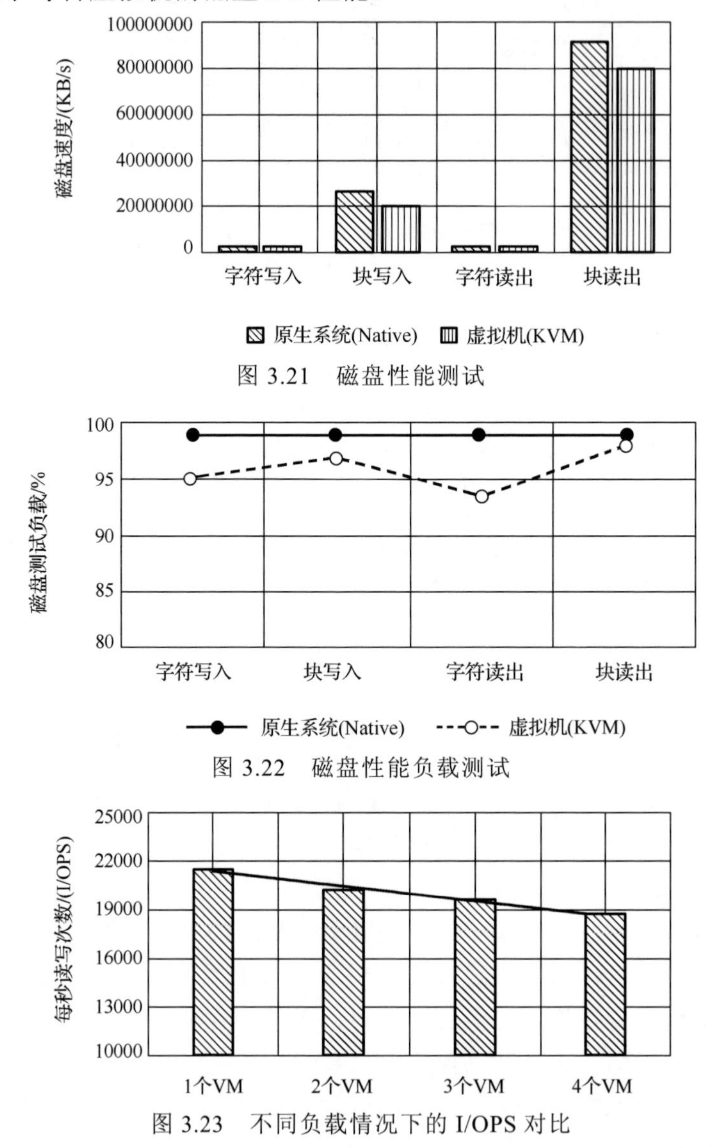


图 3.21　磁盘性能测试

图 3.22　磁盘性能负载测试

图 3.23　不同负载情况下的 I/OPS 对比

5. 基站协议栈在不同负载下资源占用情况

设定场景：分别在宿主机和客户机上启动 1 个基站协议栈软件，这个基站协议栈分别处理空载、20Mbit/s 和 40Mbit/s 的数据任务。通过 TOP 命令监测基站协议栈的 CPU、内存占用情况如图 3.24 和图 3.25 所示。

实验结果表明，随着基站协议负载增加，无论宿主机还是客户机，其 CPU 占用情况有所上升，但内存占用率基本保持不变。与宿主机对比，客户机在同样负载情况下，所占用的 CPU 和内存资源都有所提高，在空载、20Mbit/s 和 40Mbit/s 数据任务处理时，CPU 占用提高了 16.11%、34.44%和 52.24%，内存占用提高了 0.7%。由此可以得出，在 KVM 虚拟化环境下，基站协议栈在处理同一任务时，资源占用情况较无虚拟化情况，资源有所上升，显然 KVM 虚拟化过程带来了一定的性能消耗，并且基站协议栈负载越大，相应调度就越频繁，CPU 占用增加越明显。由于基站协议栈软件预先分配了较为充足的内存，所以内存大小并不随基站协议栈处理数据量增大而增加。同等基站任务负载下，虚拟机操作系统内核占用了一部分内存，约占总内存的 0.7%，此为虚拟机内存的额外开销。

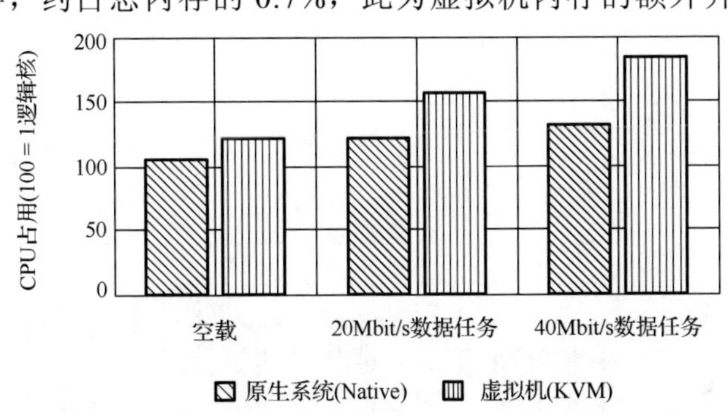

图 3.24　基站协议栈在不同负载下 CPU 占用情况

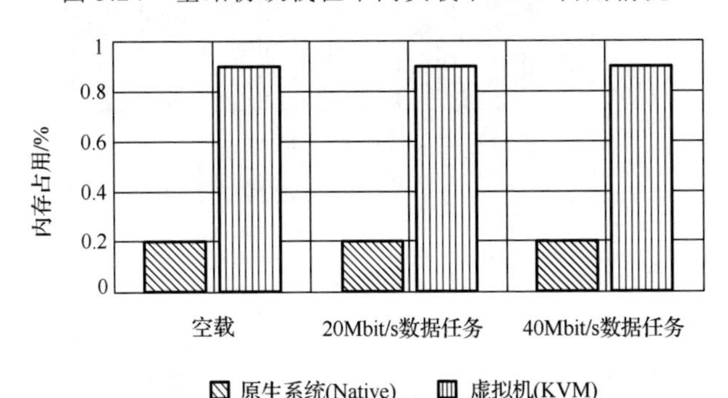

图 3.25　基站协议栈在不同负载下内存占用情况

### 6. 基站协议栈在启动、删除时资源占用情况

使用 KVM 虚拟机常用管理工具 virsh 命令完成 VBS 的建立与删除，通过 TOP 工具监测其资源占用情况。实验监测 VBS 启动到运行的时间，仅需 5～10s，其

中这段时间 CPU 占用 1.5 个左右逻辑核。而关闭 VBS 至其释放资源则耗时 3～6s。在传统的没有功能虚拟化的 BS 开发模式中，通常针对不同场景重新开发 BS。即使将重新开发时间排除在外，生成 BS 的时间通常至少需要几分钟。但是，平台只需要 5～10s 就可以创建一个新的 VBS，并且在 VBS 无负载时，可以迅速释放资源。因此，虚拟化平台大大提高了 BS 部署效率。

7. 基站协议栈在多负载下资源占用情况

设定场景：分别在宿主机和客户机上启动 5 个基站协议栈软件，基站协议栈分别处理空载、20Mbit/s 和 40Mbit/s 的数据任务。通过 TOP 监测基站协议栈的 CPU 占用情况如图 3.26 和图 3.27 所示，实验结果表明，在宿主机上，采用基于文件隔离的方式实现了同一内核下启用多个协议栈软件，在实验过程中，多次由其中一个基站协议栈处理丢包，造成其他基站协议栈难以正常处理业务。而在 KVM 虚拟化环境中，多个基站协议栈在各自的客户机中平稳运行，互不干扰，占用 CPU 资源基本上保持一致，通过发送一个中断信号导致其中一个基站协议栈软件出现丢包，并不影响其他协议栈正常业务处理，显然 KVM 有效地实现了客户机之间的隔离，并且基于公平调度机制保障了每个基站协议栈任务处理的一致性。

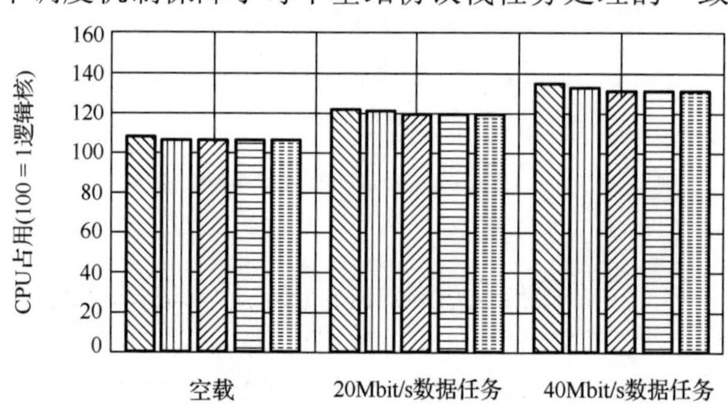


图 3.26　宿主机启用 5 个基站协议栈下 CPU 占用情况

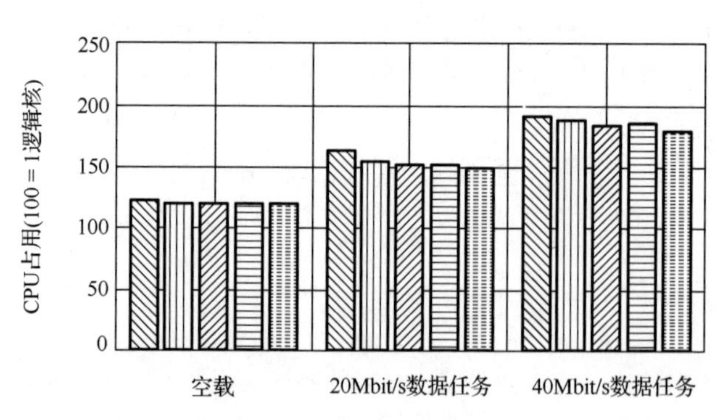


图 3.27　客户机启用 5 个基站协议栈下 CPU 占用情况

### 8. KVM 虚拟化下基站协议栈资源能耗分析

1) CPU 资源消耗分析

采用 KVM 虚拟化技术，支持单一平台的多基站协议栈运行，可以有效利用单一平台的 CPU 资源。在宿主机中仅支持单个基站协议栈稳定运行，在基站协议栈负载分别为空载、20Mbit/s 和 40Mbit/s 时，CPU 占用分别约为 106%、123%和 133%(100%意味一个逻辑核)。即分别存在 94%、77%和 67%的性能损失。而对于 KVM 客户机(虚拟机)，由于支持多虚拟基站接入，能充分利用 CPU 多核资源，所以考虑其 CPU 性能损失是虚拟机带来的额外开销，经测试在基站协议栈负载分别为空载、20Mbit/s 和 40Mbit/s 时，虚拟机额外开销为 16%、34%和 53%。由此可以计算基站采用 KVM 虚拟化技术进行单个协议处理时，负载分别为空载、20Mbit/s 和 40Mbit/s 的情况下，CPU 节约消耗为(94%～16%)、(77%～34%)和(67%～53%)；对于多个协议处理，其 CPU 节约消耗如表 3.7 所示，其中，$n$ 表示基站协议栈个数。

表 3.7 CPU 节约消耗

| 基站负载 | 含义(100%意味一个逻辑核) |
| --- | --- |
| 空载 | $s_{\text{CPU}} = 78\% \times n$ |
| 20 Mbit/s | $s_{\text{CPU}} = 43\% \times n$ |
| 40 Mbit/s | $s_{\text{CPU}} = 14\% \times n$ |

2) 内存资源消耗分析

采用 KVM 虚拟化技术，支持单一平台的多基站协议栈运行，可以有效利用单一平台的内存资源，在基站协议栈负载分别为空载、20Mbit/s 和 40Mbit/s 时，宿主机中基站协议栈内存占用均约为 0.2%；客户机中基站协议栈同等情况内存占用均为 0.9%。显然对于基站协议栈而言，从内存效率角度来看，宿主机存在 99.8%的损失，客户机由于操作内核占用，存在 0.7%的性能损失。因此可以计算基站采用 KVM 虚拟化技术，在进行单个协议处理时，负载分别为空载、20Mbit/s 和 40Mbit/s 时，CPU 节约消耗为 99.8%～0.7%；对于多个协议处理，其内存节约消耗为 $99.1\% \times n$，其中，$n$ 表示基站协议栈个数。

## 3.6 小 结

本章介绍了无线网络虚拟化平台。首先概述了虚拟化平台的概念，并给出虚拟化平台的分类——IT 类与基站特定；然后分别介绍了虚拟机监视器与容器两类主流的IT类虚拟化平台，并在架构与性能方面进行了对比分析；接着介绍了基站特定虚拟化平台的实现机制与关键技术，从架构、虚拟化平台优化、加速器虚拟化三方面进行阐述；最后给出了虚拟化平台的评估参数与方法，为虚拟化平台的设计与不同平台的选取提供参考。

总体而言，虚拟机技术在应用研究方面相对成熟。但同时也面临一些问题，无线网络采用通用和专用处理器共同作为虚拟化的基础设施平台，这是由于基站任务特殊的性质，其处理基站协议栈时，面临高速转发的情况，对虚拟化基站的吞吐能力、网络时延、流量调度提出较高的要求。基站虚拟化在设计之初就充分考虑了这些问题，利用硬件平台属性，并辅助相关技术来优化报文收发过程，从而加快数据面与控制面的报文处理速率，未来将是虚拟机与Docker技术共存，同时应配有基站专用加速的硬件与虚拟化技术。

## 参考文献


[1] Han B, Gopalakrishnan V, Ji L, et al. Network function virtualization: challenges and opportunities for innovations. IEEE Communications Magazine, 2015, 53(2): 90-97.

[2] Adams K, Agesen O. A comparison of software and hardware techniques for X86 virtualization. ACM Sigplan Notices, 2006, 41(11): 2-13.

[3] Keller E, Szefer J, Rexford J, et al. NoHype: virtualized cloud infrastructure without the virtualization. International Symposium on Computer Architecture, 2010, 38(3): 350-361.

[4] Raho M, Spyridakis A, Paolino M, et al. KVM, Xen and Docker: a performance analysis for ARM based NFV and cloud computing//IEEE Workshop on Advances in Information, Riga, 2015.

[5] 萧放, 周一青, 林江南, 等. 基于基站的集中式接入网络架构的物理层虚拟化方法. 高技术通讯, 2016, 26(5): 450-457.

[6] Casoni M, Grazia C A, Patriciello N. On the performance of Linux container with Netmap/Vale for networks virtualization//IEEE International Conference on Networks, Singapore, 2013.

[7] Liu P, Willis D, Banerjee S. ParaDrop: enabling lightweight multi-tenancy at the network's extreme edge/IEEE/ACM Symposium on Edge Computing, Washington, 2016.

[8] Boettiger C. An introduction to Docker for reproducible research, with examples from the R environment. ACM Sigops Operating Systems Review, 2014, 49(1): 71-79.

[9] Rizki R, Rakhmatsyah A, Nugroho M A. Performance analysis of container-based Hadoop cluster: OpenVZ and LXC//International Conference on Information and Communication Technology, Bandung, 2016.

[10] Althobaiti A F S. Analyzing security threats to virtual machines monitor in cloud computing environment. Journal of Information Security, 2017, 8(1): 1-7.

[11] Luo Q, Xiao F, Ming Z, et al. Optimizing the memory management of a virtual machine monitor on a NUMA system. Computer, 2016, 49(6): 66-74.

[12] Anish B S, Hareesh M J, Martin J P, et al. System performance evaluation of para- virtualization, container virtualization, and full virtualization using Xen, OpenVZ, and XenServer//International Conference on Advances in Computing and Communications, Cochin, 2014.

[13] Fayyad-Kazan H, Perneel L, Timmerman M. Full and para-virtualization with Xen: a performance comparison. Journal of Emerging Trends in Computing and Information Sciences, 2014, 10(9): 719-727.

[14] Binu A, Kumar G S. Virtualization techniques: a methodical review of Xen and KVM// International Conference on Advances in Computing and Communications, Berlin, 2011.

[15] 王绪国. 基于 VT-x 虚拟化的容器间资源硬隔离技术研究. 兰州: 兰州大学, 2017.

[16] 王婷婷. 基于硬件辅助虚拟化的虚拟机监控研究与实现. 北京: 北京邮电大学, 2013.

[17] 蔡梦娟, 陈兴蜀, 金鑫,等. 基于硬件虚拟化的虚拟机进程代码分页式度量方法. 计算机应用, 2018, 38(2): 305-309.

[18] Zhang B, Wang X, Lai R, et al. Evaluating and optimizing I/O virtualization in kernel-based virtual machine//International Conference on Network and Parallel Computing, New York, 2010.

[19] Barik R K, Lenka R K, Rao K R, et al. Performance analysis of virtual machines and containers in cloud computing//International Conference on Computing, Noida, 2017.

[20] Clark C, Fraser K, Hand S, et al. Live migration of virtual machines//Symposium on Networked Systems Design and Implementation, New York, 2005.

[21] Su K, Chen W, Li G, et al. RPFF: a remote page-fault filter for post-copy live migration// IEEE International Conference on Smart City/SocialCom/SustainCom, Chengdu, 2015.

[22] Chanchio K, Thaenkaew P. Performance comparisons and data compression of time-bound live migration and pre-copy live migration of virtual machines//IEEE/ACIS International Conference on Software Engineering, Kanazawa, 2017: 363-368.

[23] 刘鹏程. 云计算中虚拟机动态迁移的研究. 上海: 复旦大学, 2009.

[24] Peinl R, Holzschuher F, Pfitzer F. Docker cluster management for the cloud-survey results and own solution. Journal of Grid Computing, 2016, 14(2): 1-18.

[25] Bernstein D. Containers and cloud: from LXC to Docker to Kubernetes. IEEE Cloud Computing, 2015, 1(3): 81-84.

[26] 怀进鹏, 李沁, 胡春明. 基于虚拟机的虚拟计算环境研究与设计. 软件学报, 2007, 18(8): 2016-2026.

# 第 4 章　无线网络资源虚拟化技术

## 4.1　引　　言

移动互联网应用的迅速发展，带来了移动网络数据流量的爆炸式增长以及移动网络业务类型的多样性变化。在无线通信技术的应用中，无线网络的资源利用成为关键性问题。无线网络资源虚拟化技术通过对资源的抽象和统一表征、资源共享和高效复用，可以有效解决无线网络资源稀缺的瓶颈问题。无线网络资源既包含处理资源(或者称为计算资源)，也包含频谱资源。由于频谱资源在频域上跨度大、包括授权频段和非授权频段、不同频段频谱资源的传播特性存在较大差异，所以无线网络频谱资源的虚拟化变得异常困难，面临诸多挑战，目前尚无实际应用。无线网络处理资源虚拟化技术通过对底层硬件资源的抽象和集中化，使多样化的网络资源从硬件中解耦出来，抽象到上层进行统一协调和管理，并进行资源共享和统计复用，从而提高网络资源利用率，降低网络运营成本，为无线网络提供了一种高效的管理方式。因此，处理资源的虚拟化是无线网络资源虚拟化技术中的核心部分，本章主要探讨无线网络处理资源的虚拟化技术，文中所提到的无线网络资源虚拟化指的是无线网络处理资源的虚拟化。

集中式无线接入网架构[1]使得无线网络处理资源统一集中到一个虚拟资源池里，实现虚拟资源的统计复用、共享与动态分配，更加合理高效地分配资源，提高无线网络资源利用率，降低系统能耗。与此同时，集中式无线接入网络架构还可以显著降低网络运营成本[1]，实现不同基站虚拟资源的协作调度。如图 4.1 所示，在集中式无线接入网架构中，许多原本分布在各地的基站处理资源被集中到虚拟化资源池中，该集中虚拟化资源池通过高速光纤交换连接到远端射频单元(Remote Radio Head，RRH)。

集中式无线接入网的重要特征之一是可以基于集中虚拟资源池在不同基站之间共享资源。在传统的分布式无线接入网络(Distributed Radio Access Network，DRAN)架构中，处理资源被部署到各个基站，如图 4.2 所示。每个基站必须被设计为具有可支持小区中最大可能业务负载的最高容量。然而，基站的流量负载在一天中的变化具有“潮汐效应”[1]。当基站业务负载较低时，不同基站的物理资源彼此隔离，无法在基站间共享，造成大部分容量被浪费，因此，从分布式 RAN

中的“独占”资源到集中式 RAN 中的“共享”虚拟资源池，可以实现更高的资源利用率，降低包括功耗等相关成本。统计复用增益(Statistical Multiplexing Gain，SMG)被用于评估集中式 RAN 基站的虚拟资源配置和利用的性能。尽管通过仿真和实际系统已经观察到集中式 RAN 统计复用增益的存在，但仍需要更合适的数学模型和分析来验证。

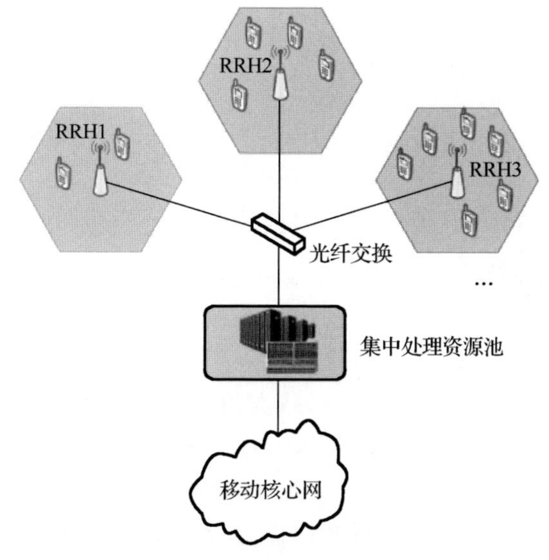


图 4.1　集中式无线接入网架构

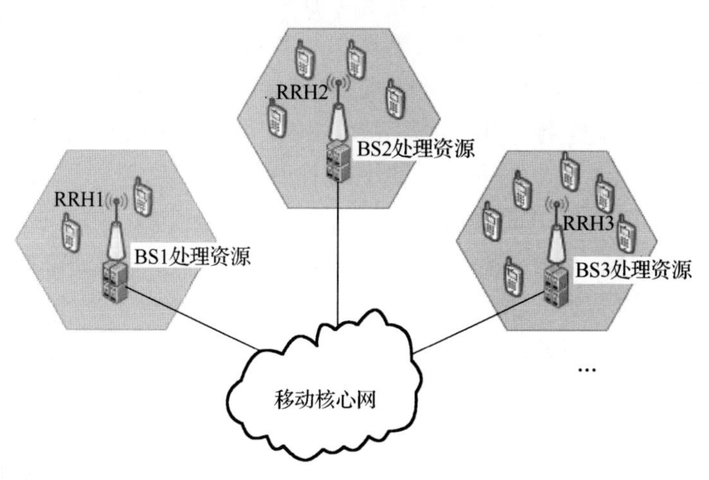


图 4.2　分布式接入网架构图

因此，如何定量分析无线网络虚拟资源的统计复用增益、虚拟资源的调度机制以及虚拟资源的分配算法是无线网络资源虚拟化领域的研究热点。

本章将介绍无线网络资源虚拟化领域的主要研究方向，详细阐述每个方向的研究现状与主要方法。首先，本章给出集中式无线接入网虚拟资源的统计复用增益理论与仿真分析，推导了虚拟资源统计复用增益的近似闭合表达式，分析了服务阈值比例、小区流量均值、典型空间流量分布的参数对虚拟资源统计复用增益的影响；然后，在集中式接入网架构下，在分析了协议处理过程中数据流和协议栈的功能特性的基础上，提出一种集中式接入网协议池虚拟资源管理机制，设计了协议池虚拟资源动态分配算法。

## 4.2 虚拟资源统计复用增益分析

从 2009 年中国移动第一次提出集中式无线接入网络(Centralized Radio Access Network，C-RAN)的基站架构到现在，已有学者对统计复用增益做了相关的定性和定量研究。文献[2]定性地描述了统计复用增益随虚拟资源集中程度的变化规律：资源越集中，统计复用增益越大。文献[3]提出传统部署方式下所需基站处理资源与集中式部署方式下所需基站虚拟资源之比来定量地计算统计复用增益，并通过假设基站所能处理的流量与基站处理资源之间呈线性关系，将处理资源之比转化为流量之比，以传统部署方式下基站所能处理的最大流量与集中式部署方式下基站所能处理的最大流量之比作为统计复用增益。但是，其用于仿真的流量数据较为简单，不能很好地模拟出真实通信网络中的流量变化。文献[4]基于东京市区白天和夜晚的人口变化，将统计复用增益视为一个小区布局的函数，对统计复用增益进行了分析。分析结果显示，和传统基站架构相比，基带处理单元(Baseband Unit，BBU)的数量可以减少 75%。文献[5]量化了在不同通信条件下 WiMAX 基站的统计复用增益，主要测量在不同的接入基站数目下，BBU 池内每秒的 CPU 周期。当网络的规模增大时，统计复用增益也随之线性增加，并且当基站负载较高时，统计复用增益也较高。文献[6]基于小区吞吐量对 C-RAN 架构下的 BBU 虚拟资源统计复用增益做了初步的评估，结果显示 C-RAN 架构可以比传统的无线接入架构节省 4 倍的资源。文献[7]指出，传输一个 20MHz LTE 天线载波的基带样本需要约 1Gbit/s 的链路带宽，因此，大规模集中化的 C-RAN 可能会产生巨大的前端支出，并可能抵消虚拟基站池带来的统计复用增益。文献[8]指出，即使集中的规模较小，也能获得较大的统计复用增益。然而，这个结论是基于对估测数据的仿真得到的，需要一个数学模型来为实际虚拟基站池的设计提供一个通用的指导原则。文献[9]和文献[10]假设用户会话服从泊松到达，到达率为 $\lambda$，离开率为 $\mu$，$k_1$ 和 $k_2$ 为用户的两个状态，基于排队论，构建用户会话与虚拟基站的多维马尔可夫链，如图 4.3 所示，从而建立虚拟基站资源池的统计复用增益模型，并依据统计复用增益边际效应迅速递减的性质得到了部署中等规模基站池更经济的指导方针。文献[11]假设 RRU 分布服从泊松点过程，基于 Fronthaul 容量限制造成的用户阻塞率，构建统计复用增益模型。

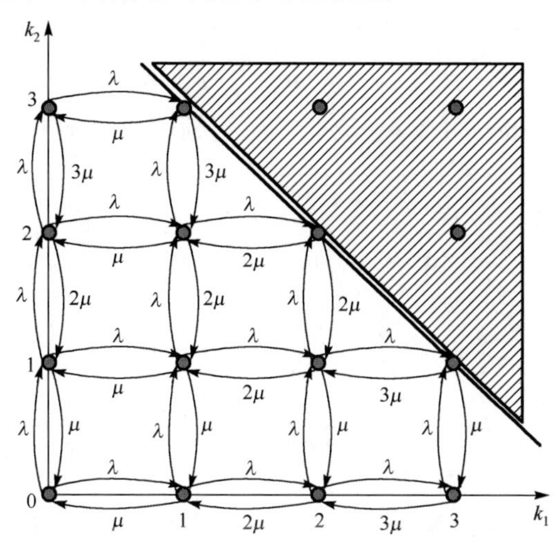


图 4.3　用户会话与虚拟基站的多维马尔可夫链

以上研究主要基于用户业务在时间域服从泊松分布，然而泊松模型是根据传统蜂窝网络话音业务的特征提出来的，不能表征目前网络中数据类业务具有的不均匀性、突发性和重尾特征；另外，这些研究缺乏对业务流量在空间域分布的考虑，不能适用于集中式架构虚拟资源统计复用增益的建模。因此，需要基于移动蜂窝网络实际业务数据流量时空分布规律的分析方法，来对虚拟资源统计复用增益进行建模分析。

在蜂窝网络业务流量时间域分布方面，通常情况下，时间域流量分布模型呈现出较强的周期性，并且一天内忙时时间段和闲时时间段明确，这是因为用户行为具有规律性，移动蜂窝网络流量空间域和时间域的分布情况都呈现出可统计和周期性的特点。文献[12]基于移动网络运营商的实测数据，对每一时刻基站的流量和随时间的变化规律进行分析，发现在一天的工作时间周期内，移动用户的行为具有重复性，由此提出正弦信号叠加模型，用于拟合实际业务流量的时间变化规律，并验证了所提模型的准确性，如图 4.4 所示。

在蜂窝网络业务流量空间域分布方面，受地理环境的影响，蜂窝网络中不同区域的用户会表现出不同的行为特点，从而导致流量在空间维度上的不均匀分布，业务流量在空间上的分布能够在一定程度上反映出用户行为特征。空间域流量分布模型描述了流量在特定空间区域内的变化趋势，空间区域的性质发生改变，其流量分布特点随之发生一定程度的改变。空间区域性质涵盖区域面积、位置(城区/

山区)、职能(商业区/绿化区)等许多方面，在城区的流量空间分布比山区的流量空间分布更密集，商业区的流量空间分布比绿化区的流量空间分布更密集。文献[11]和文献[12]基于实测数据统计分析，认为业务量在空间上的分布服从对数正态分布，蜂窝网络业务的空间不均匀性可以用对数正态分布来建模。文献[13]、文献[14]和文献[15]基于不同数据类业务的流量实测数据分析，认为业务流量分布在空间域服从 Alpha-Stable 分布，并验证了所提模型的准确性。

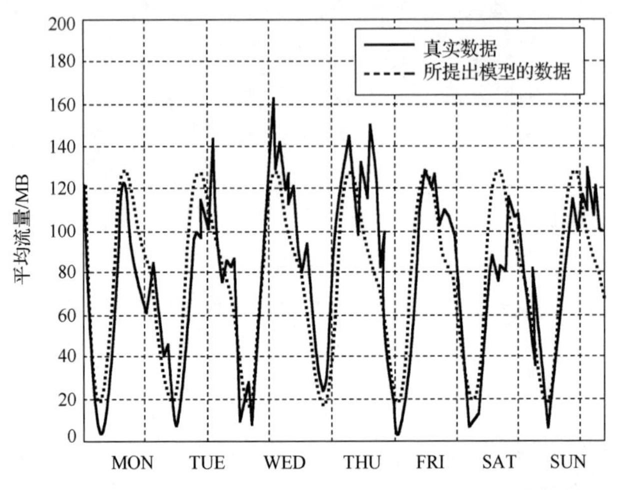


图 4.4　正弦信号叠加模型与真实数据的拟合比较图

文献[9]和文献[10]假设用户会话服从泊松到达，并构建与虚拟基站用户会话的多维马尔可夫链，从而建立虚拟基站计算资源池的统计复用增益模型。文献[11]提出了一种简易模型，用于分析基于用户阻塞率(由前传容量限制引起)的 C-RAN 中前传容量的统计复用增益。文献[5]通过流量仿真实验量化了不同流量条件下聚合基站流量多路复用增益的变化。文献[3]基于一天中基站的负载，对 C-RAN 中基带单元的统计复用增益进行了评估。然而，这些研究使用的数据流量模型并不能反映当前蜂窝移动流量的时间和空间的分布特征，因为智能移动终端的普及和移动互联网应用的快速发展使移动网络服务的类型和特征呈现多样性，传统的基于语音的业务已经演变成各种类型的数据业务类型，例如，即时消息、多媒体视频等业务。与语音业务不同，这些新的移动互联网应用的流量分布具有明显的异质性、突发性和重尾特征[16]。同时，在当前的蜂窝移动网络中，流量分布的时空变化特征更为突出[16]。因此，基于语音业务的时间流量分布模型的统计复用增益分析不适用于当前的蜂窝移动网络。本节提出了集中式无线接入网络架构的虚拟资源统计复用增益模型，并通过考虑流量的时空分布特征对虚拟资源统计复用增益进行详细分析。

### 4.2.1　虚拟资源统计复用增益模型

假设在蜂窝移动网络中，目标区域中的小区数量是 $N$。在集中式无线接入网络架构中，所有小区的 RRU 通过光纤前传链路连接到集中虚拟资源池。随机变量 $X(i,t)$ $(i=1,2,\cdots,N;t=1,2,\cdots,T)$ 是一个流量矩阵，为方便叙述，使用 $T$ 来表示网络的数据流量统计周期。矩阵元素 $x(i,t)$ 为小区 $i$ 在时间 $t$ 时流量值，表示小区 $i$ 从时间 $(t-1)\Delta t$ 到时间 $t\Delta t$ 的流量负载。$X(i,t)$ 定义如下

$$X(i,t)=\begin{bmatrix} x(1,1) & x(1,2) & \cdots & x(1,t) & \cdots & x(1,T) \\ x(2,1) & x(2,2) & \cdots & x(2,t) & \cdots & x(2,T) \\ \vdots & \vdots & & \vdots & & \vdots \\ x(i,1) & x(i,2) & \cdots & x(i,t) & \cdots & x(i,T) \\ \vdots & \vdots & & \vdots & & \vdots \\ x(N,1) & x(N,2) & \cdots & x(N,t) & \cdots & x(N,T) \end{bmatrix} \tag{4.1}$$

矩阵 $X(i,t)$ 的每个行向量表示基站 $i$ 的时域流量分布，矩阵 $X(i,t)$ 的每个列向量表示在时间 $t$ 时，各基站在空间域的流量分布。也就是说，矩阵 $X(i,t)$ 表征了时域和空域中的流量分布。假设在蜂窝移动网络中，为基站分配的处理资源与需要基站处理的业务数据量之间的关系是线性的，系数为 $\xi$[17]，那么在时间 $t$，基站 $i$ 所需的处理资源为 $\xi x(i,t)$。

在分布式 RAN 架构中，需要为每个基站分配足够的资源来处理相应小区在任意时间 $t$ 可能产生的最大业务流量值。因此，每个基站的处理资源由 $\max\limits_{t}\xi x(i,t)$ 确定。为了满足网络处理能力，总的处理资源应按下式配置

$$R_{\text{DRAN}}=\sum_{i=1}^{N}\max_{t}\xi x(i,t) \tag{4.2}$$

假设所有小区的流量相同，则总的处理资源为

$$R_{\text{DRAN}}=N\max_{i,t}\xi x(i,t) \tag{4.3}$$

在集中式 RAN 架构中，为了满足网络处理能力，虚拟资源应分配为 $\sum\limits_{i=1}^{N}\xi x(i,t)$，这是所有小区在时间 $t$ 的流量值之和。集中式无线接入网络所需的虚拟资源应该由可能在任何时间产生的所有小区生成的流量的最大总和来确定。因此，所需的虚拟资源为

$$R_{\text{CRAN}}=\max_{t}\sum_{i=1}^{N}\xi x(i,t) \tag{4.4}$$

用分布式无线接入网络所需的处理资源与集中式无线接入网络所需的虚拟资

源之间的比值 $\frac{R_{\mathrm{DRAN}}}{R_{\mathrm{CRAN}}}$ 来表征集中式无线接入网络所需虚拟资源的减少量，将该比值称为集中式无线接入网络中虚拟资源的统计复用增益，表示为

$$\mathrm{SMG}=\frac{R_{\mathrm{DRAN}}}{R_{\mathrm{CRAN}}}=\frac{N\max\limits_{i,t}\xi x(i,t)}{\max\limits_{t}\sum\limits_{i=1}^{N}\xi x(i,t)}=\frac{N\max\limits_{i,t}x(i,t)}{\max\limits_{t}\sum\limits_{i=1}^{N}x(i,t)} \tag{4.5}$$

进一步，SMG 可表示为

$$\mathrm{SMG}=\frac{\max\limits_{i,t}x(i,t)}{\max\limits_{t}\frac{\sum\limits_{i=1}^{N}x(i,t)}{N}} \tag{4.6}$$

其中，$\max\limits_{i,t}x(i,t)$ 表示区域内时空数据流量随时间变化的最大值，它对应于流量矩阵 $X(i,t)$ 中的最大元素。$\max\limits_{t}\frac{\sum\limits_{i=1}^{N}x(i,t)}{N}$ 表示该地区所有小区的平均流量值随时间变化的最大值，用 $m(t)$ 来表示该地区所有小区的平均流量值，则可表示为

$$m(t)=\frac{\sum\limits_{i=1}^{N}x(i,t)}{N} \tag{4.7}$$

这样，SMG 表示为

$$\mathrm{SMG}=\frac{\max\limits_{i,t}x(i,t)}{\max\limits_{t}m(t)} \tag{4.8}$$

在实际的蜂窝网络中，考虑到部署成本，基站的处理资源通常被配置为所需资源的高百分比，而不是在任何时候都满足基站处理最大流量的要求。换句话说，实际系统有一个服务阈值比率 $P_{\mathrm{th}}$。对于给定的 $t$，将服务阈值比率 $P_{\mathrm{th}}$ 对应的服务流量阈值比率定义为 $x_{\mathrm{th}}(t,P_{\mathrm{th}})$。在时间 $t$，$x_{\mathrm{th}}(t,P_{\mathrm{th}})$ 是当服务阈值比率为 $P_{\mathrm{th}}$ 时能处理的最大流量值，于是有

$$P_{\mathrm{th}}=\Pr(x(i,t)\leqslant x_{\mathrm{th}}(t,P_{\mathrm{th}})) \tag{4.9}$$

其中，$P_{\mathrm{th}}$ 可以根据实际网络场景和工程经验设置，如 95%、97%和 99%等。

因此，对于一个给定的 $P_{\mathrm{th}}$，SMG 表示为

$$\mathrm{SMG}(P_{\mathrm{th}})=\frac{\max\limits_{t}x_{\mathrm{th}}(t,P_{\mathrm{th}})}{\max\limits_{t}m(t)} \tag{4.10}$$

由于整个区域内移动用户总数的相对稳定性以及移动用户在空间位置的不均匀分布，单个小区的流量在时域和空域上都具有很强的不均匀性，所以获得蜂窝移动网络中流量的时空联合分布对于 SMG 的分析至关重要。对于当前的蜂窝移动网络，有两种代表性的空间流量分布：对数正态分布和 Alpha-Stable 分布。因此，接下来将基于这两种分布分别给出统计复用增益分析。

### 4.2.2　基于对数正态分布的统计复用增益分析

对数正态分布是对数为正态分布的任意随机变量的概率分布，即一个随机变量的对数服从正态分布。如果 $Y$ 是正态分布的随机变量，则 $\exp(Y)$（指数函数）为对数正态分布；同样，如果 $X$ 是对数正态分布，则 $\ln X$ 为正态分布。如果一个变量可以看成许多很小独立因子的乘积，则这个变量可以看成对数正态分布。对数正态分布的概率密度函数(Probability Density Function，PDF)为

$$f_X(x;\mu,\sigma)=\frac{1}{x\sigma\sqrt{2\pi}}\exp\left\{-\frac{(\ln x-\mu)^2}{2\sigma^2}\right\},\quad x>0 \tag{4.11}$$

其中，$\mu$ 和 $\sigma$ 分别是变量对数的均值和标准差。对数正态分布的累积分布函数(Cumulative Distribution Function，CDF)为

$$F_X(x)=\Phi\left\{-\frac{\ln x-\mu}{\sigma}\right\} \tag{4.12}$$

当 $\mu=0$ 时，对数正态分布的概率密度函数图和累积分布函数图如图 4.5 和图 4.6 所示。

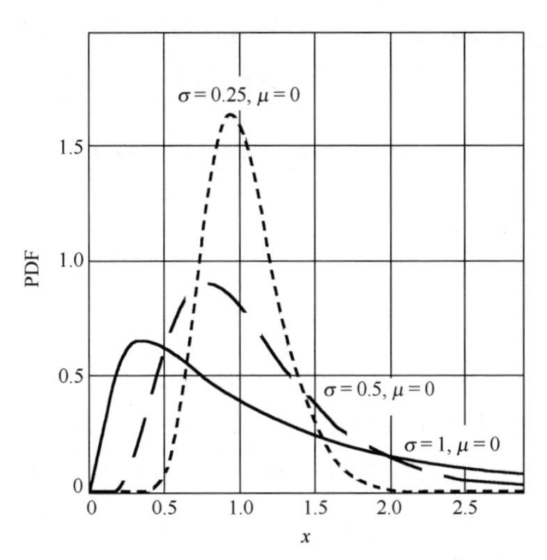


图 4.5　对数正态分布的概率密度函数图

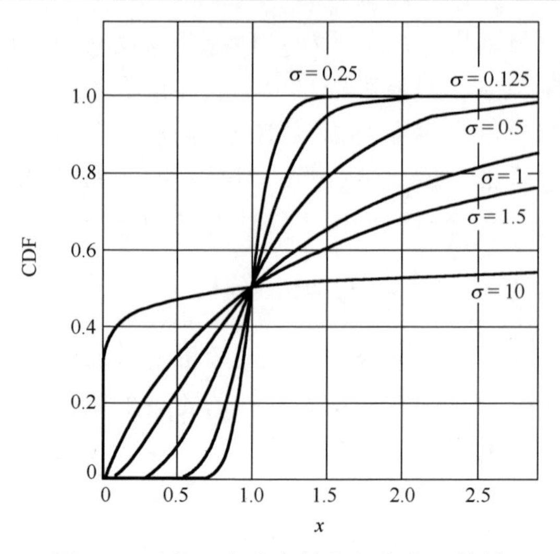


图 4.6　对数正态分布的累积分布函数图

为了分析统计复用增益，需要知道该区域内流量的时空分布和所有小区的平均流量值。流量时间分布模型描述了蜂窝网络随时间的流量特性，通常，流量时间分布模型表现出强周期性，在一天中的忙碌时间和空闲时间是比较明显的。例如，在工作时间段，大量用户从住宅区移动到办公区域，在非工作时间段，大量用户从办公区域返回住宅区。随着这些用户的移动，蜂窝网络的流量负载也显示出迁移现象，也就是“潮汐效应”。文献[12]分析了时域中基站的流量值，发现移动用户在一天内具有重复性行为，提出了一种正弦信号叠加模型，根据当前蜂窝网络的实际数据对给定区域内多个基站的时间流量变化进行建模，以拟合蜂窝网络在时域中的实际业务流量分布，该模型由以下公式给出

$$m(t) = a_0 + \sum_{k=1}^{n} a_k \sin(w_k t + \varphi_k) \tag{4.13}$$

其中，$m(t)$是该区域内所有小区的平均流量值，$a_0$是常数，$w_k$是流量变化的频率成分，$n$是频率成分的数量，$a_k$和$\varphi_k$分别是第$k$个频率成分的幅度和相位，表示相应流量变化的幅度和相位。

通常，由于真实网络中用户社交行为的随机性，业务流量分布通常是不均匀的，蜂窝网络中的业务空间分布与地理位置有关，流量空间分布由用户行为模式决定，不同区域的用户表现出不同的行为特征，导致空间域中的流量分布不均匀。文献[12]～文献[14]的研究说明了蜂窝网络中业务流量的空间不均匀性可用对数正态分布来描述。流量密度被视为用户的实际流量需求，可以用对数正态分布来近似[14]。对数正态分布可以反映不同的流量需求，从而能够用于实际网络中的流

量空间分布的建模。并且，同一区域的标准偏差 $\sigma$ 相同，不同区域的标准偏差 $\sigma$ 不同，所以标准偏差只与区域类型相关[12]。因此，接下来将基于对数正态分布的流量空间分布模型来分析统计复用增益。

基于空间流量分布的对数正态模型，时间 $t$ 时的对数正态分布的参数 $\mu$ 可以使用以下表达式来进行计算[12]

$$\mu(t)=\ln(m(t))-\frac{1}{2}\sigma^2 \tag{4.14}$$

式(4.14)是基于对数正态随机变量的特征参数(均值和方差)与相关正态分布的特征参数(均值和标准差)之间的关系得到的，它们之间的关系表达式如下

$$\mu=\ln(m^2/\sqrt{\upsilon+m^2}) \tag{4.15}$$

$$\sigma=\sqrt{\ln(\upsilon/m^2+1)} \tag{4.16}$$

其中，$m$ 和 $\upsilon$ 分别是对数正态随机变量的均值和方差，$\mu$ 和 $\sigma$ 分别是相应正态分布的均值和标准差。

根据式(4.13)给出的流量时间分布模型，利用对数正态分布的参数 $\mu(t)$ 和 $\sigma$ 建立时空流量分布模型如下

$$\begin{aligned}f_{\mathrm{X}}(x(i,t);\mu,\sigma)&=f_X\left(x(i,t);\ln(m(t))-\frac{1}{2}\sigma^2,\sigma\right)\\&=\frac{1}{x(i,t)\sigma\sqrt{2\pi}}\exp\left\{-\frac{\left(\ln x(i,t)-\ln(m(t))+\frac{1}{2}\sigma^2\right)^2}{2\sigma^2}\right\}\end{aligned} \tag{4.17}$$

其中，$x(i,t)$ 表示该区域内时间 $t$ 时小区 $i$ 的流量值。

$x(i,t)$ 的累积分布函数(CDF)为

$$\begin{aligned}F_X(x(i,t))&=\int_{-\infty}^{X}f_X(x(i,t))\mathrm{d}X\\&=\frac{1}{2}\left\{1+\mathrm{erf}\left(\frac{\ln x(i,t)-\ln(m(t))+\frac{1}{2}\sigma^2}{\sqrt{2}\sigma}\right)\right\}\end{aligned} \tag{4.18}$$

其中，erf 是误差函数，定义为

$$y=\mathrm{erf}(x)=\frac{2}{\sqrt{\pi}}\int_0^x \mathrm{e}^{t^2}\,\mathrm{d}t=\frac{1}{\sqrt{\pi}}\int_{-x}^{x}\mathrm{e}^{-t^2}\,\mathrm{d}t \tag{4.19}$$

逆误差函数 $\mathrm{erf}^{-1}$ 定义为

$$x=\mathrm{erfinv}\left(y\right)=\sum_{k=0}^{\infty}\frac{c_k}{2k+1}\left(\frac{\sqrt{\pi}}{2}y\right)^{2k+1} \tag{4.20}$$

$$c_k=\sum_{m=0}^{k-1}\frac{c_m c_{k-1-m}}{(m+1)(2m+1)}=\left\{1,1,\frac{7}{6},\frac{127}{90},\frac{4369}{2520},\frac{34807}{16200},\dots\right\} \tag{4.21}$$

根据式(4.9)和式(4.18)，可得到服务阈值比率 $P_{\text{th}}$ 的表达式为

$$\begin{aligned}P_{\text{th}}&=F_X(x_{\text{th}}(t,P_{\text{th}}))\\&=\frac{1}{2}\left\{1+\mathrm{erf}\left(\frac{\ln x_{\text{th}}(t,P_{\text{th}})-\ln(m(t))+\frac{1}{2}\sigma^2}{\sqrt{2}\sigma}\right)\right\}\end{aligned} \tag{4.22}$$

于是，有

$$\ln\frac{x_{\text{th}}(t,P_{\text{th}})}{m(t)}=\sqrt{2}\sigma\,\mathrm{erf}^{-1}(2P_{\text{th}}-1)-\frac{1}{2}\sigma^2 \tag{4.23}$$

对式(4.23)进行等式变换，可以得到 $x_{\text{th}}(t,P_{\text{th}})$ 的表达式为

$$x_{\text{th}}(t,P_{\text{th}})=m(t)\exp\left(\sqrt{2}\sigma\mathrm{erf}^{-1}(2P_{\text{th}}-1)-\frac{1}{2}\sigma^2\right) \tag{4.24}$$

其中， $\mathrm{erf}^{-1}(2P_{\text{th}}-1)$ 返回 $2P_{\text{th}}-1$ 的逆误差函数的值。

因此，考虑到服务阈值比 $P_{\text{th}}$ ，基于式(4.10)和式(4.24)，集中式无线接入网的虚拟资源的统计复用增益进一步表示为

$$\begin{aligned}\mathrm{SMG}(P_{\text{th}})&=\frac{\max\limits_t x_{\text{th}}(t,P_{\text{th}})}{\max\limits_t m(t)}\\&=\frac{\max\limits_t m(t)\exp\left(\sqrt{2}\sigma\mathrm{erf}^{-1}(2P_{\text{th}}-1)-\frac{1}{2}\sigma^2\right)}{\max\limits_t m(t)}\\&=\exp\left(\sqrt{2}\sigma\mathrm{erf}^{-1}(2P_{\text{th}}-1)-\frac{1}{2}\sigma^2\right)\end{aligned} \tag{4.25}$$

另外，对于逆误差函数，文献[18]中给出了以下的近似表达式

$$\mathrm{erf}^{-1}(x)\approx\left[-\frac{100}{7\pi}-\frac{\ln(1-x^2)}{2}+\sqrt{\left(\frac{100}{7\pi}+\frac{\ln(1-x^2)}{2}\right)^2-\frac{50}{7}\ln(1-x^2)}\right]^{1/2} \tag{4.26}$$

对于(0,1)区间内的所有实数 $x$，这个近似表达式的相对精度小于 $4\times10^{-3}$。

因此，根据式(4.25)和式(4.26)，SMG 可以表示为

$$\mathrm{SMG}(P_{\mathrm{th}})\approx\exp\left\{\left[\sqrt{2}\sigma-\frac{100}{7\pi}-\frac{\ln(1-(2P_{\mathrm{th}}-1)^2)}{2}+\sqrt{\left(\frac{100}{7\pi}+\frac{\ln(1-(2P_{\mathrm{th}}-1)^2)}{2}\right)^2-\frac{50}{7}\ln(1-(2P_{\mathrm{th}}-1)^2)}\right]^{1/2}-\frac{1}{2}\sigma^2\right\} \tag{4.27}$$

可以看出，集中式无线接入网的虚拟资源的 SMG 与服务阈值比 $P_{\mathrm{th}}$ 和对数正态分布的参数 $\sigma$ 有关。对于蜂窝移动网络的实际部署，合理的服务阈值比通常设置为 $P_{\mathrm{th}}=95\%\sim100\%$。相应的 SMG 值可以通过闭合形式的近似式(4.27)获得，对集中式接入网架构的系统设计、工程实践及网络部署提供理论指导与参考。

### 4.2.3　基于 Alpha-Stable 分布的统计复用增益分析

Alpha-Stable 分布是唯一满足广义中心极限定理的一类分布，与其他分布不同的是，Alpha-Stable 分布没有概率密度函数的闭式解，只能用特征函数来对其进行描述[19]。Alpha-Stable 函数由 $\alpha$、$\beta$、$\gamma$、$\delta$ 唯一确定，

如果变量 $X$ 服从 Alpha-Stable 分布，则可以记为 $X\sim S(\alpha,\beta,\gamma,\delta)$，其中，$\alpha\in[0,2]$，为特征参量，$\alpha$ 越大，概率密度分布曲线越“矮胖”，拖尾越小；$\alpha$ 越小，概率密度分布曲线越“高瘦”，拖尾越重。$\beta\in[-1,1]$，为倾斜度参量，如果 $\beta>0$，则其所表示的概率密度函数曲线向右倾斜，反之向左倾斜。$\gamma\in[0,+\infty)$，为分散性参数，表征数据集中程度，$\gamma$ 越大，则数据以均值为中心的分散程度越大，反之则分散程度越小。$\delta\in(-\infty,+\infty)$，为位置参数，表示概率密度函数的位置，$\delta$ 的变化引起概率密度函数的水平移动[19]。

Alpha-Stable 分布只能用特征函数来描述[20]，其特征函数如式(4.28)所示，$\alpha$ 取值不同时，特征函数有不同的形式。

$$\varPhi(w)=\begin{cases}\exp\left\{-\gamma^{\alpha}|w|^{\alpha}\left(1-i\beta\,\mathrm{sgn}(w)\tan\dfrac{\pi\alpha}{2}\right)+i\delta w\right\}, & \alpha\neq1\\ \exp\left\{-\gamma|w|\left(1+i\dfrac{2\beta}{\pi}\mathrm{sgn}(w)\ln(w)\right)+i\delta w\right\}, & \alpha=1\end{cases} \tag{4.28}$$

Alpha-Stable 分布具有线性性质，若 $X\sim S(\alpha,\beta,\gamma,\delta)$，则 $aX$ 也服从 Alpha-Stable 分布，如下

$$
aX \sim \begin{cases} S(\alpha, \text{sign}(a)\beta, |a|\gamma, a\delta), & \alpha \neq 1 \\ S\left(1, \text{sign}(a)\beta, |a|\gamma, a\delta - \dfrac{2}{\pi}a(\ln|a|)\beta\gamma\right), & \alpha = 1 \end{cases} \tag{4.29}
$$

Alpha-Stable 分布的概率密度函数图和累积分布函数图如图 4.7 和图 4.8 所示。

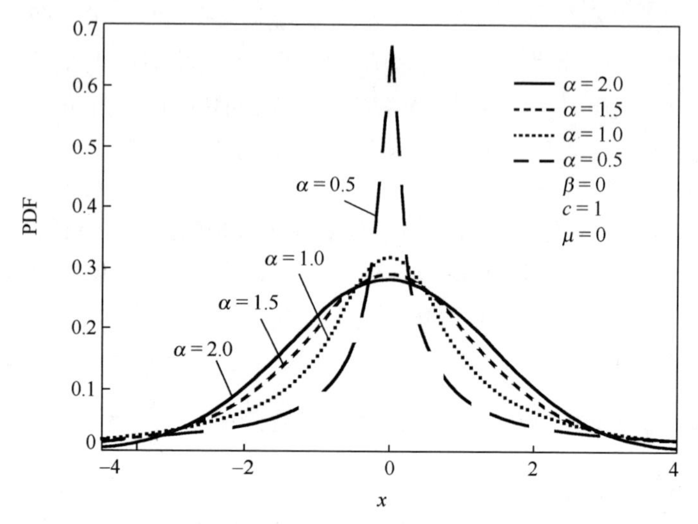


图 4.7　Alpha-Stable 分布的概率密度函数图

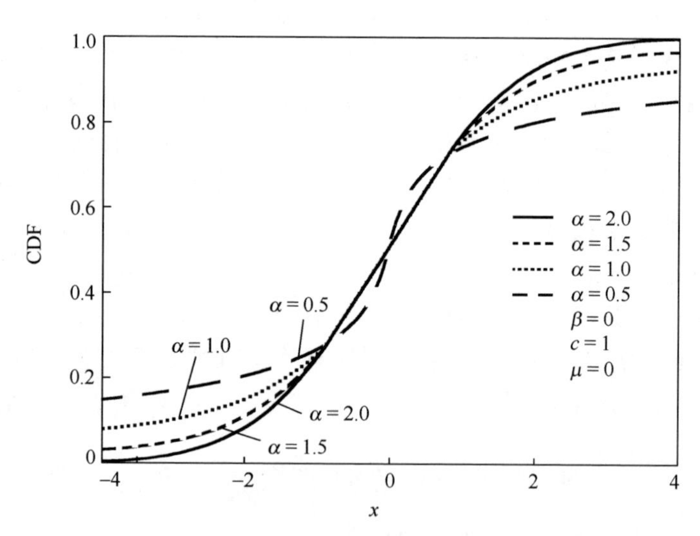


图 4.8　Alpha-Stable 分布的累积分布函数图

Alpha-Stable 分布的自变量 $X$ 的取值范围为 $(-\infty,+\infty)$，但是在实际问题中，往往为 $[0,+\infty)$，所以在 Alpha-Stable 分布的基础上，定义了截断式 Alpha-Stable 分布，来描述自变量在有取值范围约束的情况下的分布。将自变量 $X$ 在 $[0,+\infty)$ 的范围内服从 Alpha-Stable 分布，在 $(-\infty,0)$ 范围内，因变量等于 0 的分布定义为 $X$ 服从截断式 Alpha-Stable 分布。截断式 Alpha-Stable 分布可由 $\alpha$、$\beta$、$\gamma$、$\delta$ 唯一确定，它们是 $X>0$ 时所服从的 Alpha-Stable 分布的四个参数，自变量 $X$ 服从截断式 Alpha-Stable 分布，可以记为 $X\sim\overline{S}(\alpha,\beta,\gamma,\delta)$。截断式 Alpha-Stable 分布与 Alpha-Stable 分布相比，四个参数的变化对分布的影响和其取值范围相同，给定了 Alpha-Stable 的四个参数，也就唯一确定了其对应的截断式 Alpha-Stable 分布，反之，给定了截断式 Alpha-Stable 分布的四个参数，也就唯一确定了其对应的 Alpha-Stable 分布。截断式 Alpha-Stable 分布的概率密度函数曲线及其对应的 Alpha-Stable 分布的概率密度函数曲线如图 4.9 所示，将 Alpha-Stable 分布的概率密度函数曲线自变量小于 0 的部分去掉，对剩下的部分进行归一化处理即可得到截断式 Alpha-Stable 分布的概率密度函数 PDF 曲线。

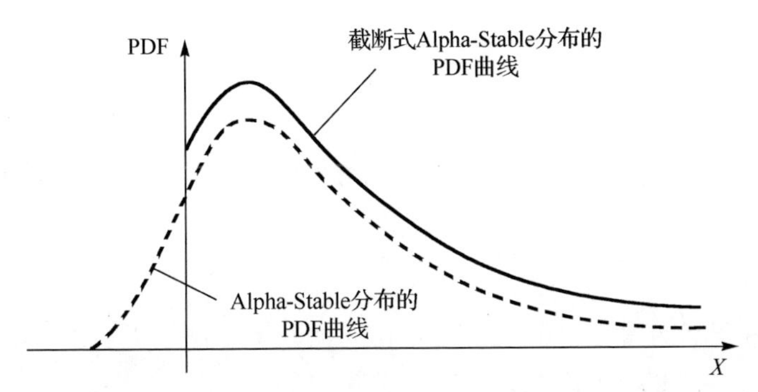


图 4.9　截断式 Alpha-Stable 分布的概率密度函数图

类似于 Alpha-Stable 分布，截断式 Alpha-Stable 分布的概率密度函数也没有闭式表达式，只能用特征函数来描述，截断式 Alpha-Stable 分布的特征函数如下

$$\Phi(w)=\begin{cases}\exp\left\{-\gamma^{\alpha}|w|^{\alpha}\left(1-i\beta\operatorname{sgn}(w)\tan\dfrac{\pi\alpha}{2}\right)+i\delta w\right\}, & \alpha\neq 1\\ \exp\left\{-\gamma|w|\left(1+i\dfrac{2\beta}{\pi}\operatorname{sgn}(w)\ln(w)\right)+i\delta w\right\}, & \alpha=1\end{cases}\tag{4.30}$$

截断式 Alpha-Stable 分布同样具有线性性质，若 $X\sim\overline{S}(\alpha,\beta,\gamma,\delta)$，则 $aX$ 也服从 Alpha-Stable 分布，表示为

$$aX\sim\begin{cases}\overline{S}(\alpha,\operatorname{sign}(a)\beta,|a|\gamma,a\delta), & \alpha\neq 1\\ \overline{S}\left(1,\operatorname{sign}(a)\beta,|a|\gamma,a\delta-\dfrac{2}{\pi}a(\ln|a|)\beta\gamma\right), & \alpha=1\end{cases}\tag{4.31}$$

Alpha-Stable 分布模型适用于表征蜂窝网络中流量的空间不均匀性[15,21]。通过

选择适当的参数，Alpha-Stable 模型能够表征不同业务类型的流量的突发特性[22]，可以精确地拟合蜂窝网络中的实际流量空间分布，反映用户流量需求的基本特征，如自相似性和长时相关性，并部分显示人类活动的一些特性。Alpha-Stable 分布具有突发性和重尾分布的特性，能够表征相对大量独立同分布随机变量的归一化和的分布。

本节考虑使用 Alpha-Stable 分布来表征蜂窝网络中的流量模型。由于此模型未指明每个小区中的流量值，而是指定了每个空间采样区域的流量值，所以，本节重新定义流量矩阵和相应的 SMG。考虑到在蜂窝移动网络中，目标区域被划分为具有相同大小的 $M$ 个采样区域，并且采样区域的覆盖面积是 $A$，将流量矩阵定义为 $X_a(j,t)(j=1,2,\cdots,M;t=1,2,\cdots,T)$，$x_a(j,t)$ 为空间采样区域 $j$ 在时间 $t$ 时的流量值，表示采样区域 $j$ 从时间 $(t-1)\Delta t$ 到时间 $t\Delta t$ 的流量负载值。在这种情况下，SMG 可以表示为

$$\mathrm{SMG}=\frac{\max\limits_{j,t} x_a(j,t)}{\max\limits_{t}\frac{\sum\limits_{j=1}^{M} x_a(j,t)}{M}} \tag{4.32}$$

其中，$\max\limits_{j,t} x_a(i,t)$ 表示区域内时空数据流量随时间变化的最大值，它对应于流量矩阵 $X_a(j,t)$ 中的最大元素。使用 $m(t)$ 表示在时间 $t$ 该区域中所有小区的平均流量值，$n_0$ 是采样区域中的平均小区数。于是，有

$$\frac{\sum\limits_{j=1}^{M} x_a(j,t)}{M}=m(t)n_0 \tag{4.33}$$

因此，SMG 的表达式为

$$\mathrm{SMG}=\frac{\max\limits_{j,t} x_a(j,t)}{\max\limits_{t} m(t)n_0} \tag{4.34}$$

Alpha-Stable 分布的概率密度函数没有闭式表达式，其 PDF $f_X(x)$ 的闭式表达式中是未知的，只能通过特征函数来描述。Alpha-Stable 分布的 PDF 是特征函数的逆傅里叶变换，即

$$f_X(x)=F^{-1}[\Phi(w)]=\frac{1}{2\pi}\int_{-\infty}^{\infty}\Phi(w)\mathrm{e}^{\mathrm{i}wx}\mathrm{d}w \tag{4.35}$$

Alpha-Stable 分布的累积分布函数是概率密度函数在 $(-\infty, x]$ 范围内的积，PDF 表达式为

$$F_X(x) = \int_{-\infty}^{x} f_X(y)\mathrm{d}y \tag{4.36}$$

Alpha-Stable 分布的参数 $\alpha$ 为区间 (0,1) 的值时，参数 $\delta$ 表示 PDF 的偏斜程度并且等于变量的平均值。当 $\delta < 0$ 时，某些负数区间上的 PDF $f_X(x)$ 非零，对于蜂窝网络的流量来说是没有意义。因此，考虑变量 $X$ 的非负区间，并通过截断的 Alpha-Stable 分布 $X \sim \bar{S}(\alpha,\beta,\gamma,\delta)$ 的 PDF 来规范化具有实际意义的区间。在自变量小于 0 的部分为 0，在自变量大于 0 的部分需要对 Alpha-Stable 分布去掉自变量小于 0 的部分的概率密度函数进行归一化处理。截断式 Alpha-Stable 分布的 PDF 为

$$\overline{f_X}(x) = \begin{cases} \dfrac{f_X(x)}{\displaystyle\int_{y\geqslant 0} f_X(y)\mathrm{d}y}, & x \geqslant 0 \\ 0, & x < 0 \end{cases} \tag{4.37}$$

截断式 Alpha-Stable 分布的 CDF 为

$$\overline{F_X}(x) = \int_{0}^{x} \overline{f_X}(y)\mathrm{d}y \tag{4.38}$$

蜂窝网络空间流量分布的 Alpha-Stable 模型中，对于时间 $t(t = 1,2,\cdots,T)$ 时的采样区域 $j(j = 1,2,\cdots,M)$，设 $\lambda_{\mathrm{BS}}(j,t)$ 表示基站的密度，$\lambda_{\mathrm{TR}}(j,t)$ 表示采样区域 $j$ 在 $t$ 时的空间流量密度，$\lambda_{\mathrm{TR}}(j,t)$ 和 $\lambda_{\mathrm{BS}}(j,t)$ 都服从 Alpha-Stable 分布。并且，$\lambda_{\mathrm{BS}}(j,t)$ 和 $\lambda_{\mathrm{TR}}(j,t)$ 之间为线性关系，可以表示为

$$\lambda_{\mathrm{BS}}(j,t) = k\lambda_{\mathrm{TR}}(j,t) \tag{4.39}$$

其中，$k$ 是一个线性系数，表示每单位空间流量所需的基站数量。对于同一区域，Alpha-Stable 分布的参数 $\lambda_{\mathrm{BS}}$ 是固定值。因此，可以通过使用截断式 Alpha-Stable 分布来建立时空联合流量模型，即

$$x_a(j,t) = Am(t)\lambda_{\mathrm{BS}}(j,t) \tag{4.40}$$

根据 Alpha-Stable 分布的线性性质，如果 $X \sim \bar{S}(\alpha,\beta,\gamma,\delta)$，则有

$$bX \sim \begin{cases} \overline{S}(\alpha, \mathrm{sign}(b)\beta, |b|\gamma, b\delta), & \alpha \neq 1 \\ \overline{S}\left(1, \mathrm{sign}(b)\beta, |b|\gamma, b\delta - \dfrac{2}{\pi}b(\ln|b|)\beta\gamma\right), & \alpha = 1 \end{cases} \tag{4.41}$$

因此，对于 $\lambda_{BS}(j,t) \sim \overline{S}(\alpha_0,\beta_0,\gamma_0,\delta_0)$，则有 $x_a(j,t) \sim \overline{S}(\alpha(j,t),\beta(j,t),\gamma(j,t),\delta(j,t))$。

$$
\begin{aligned}
x_a(j,t) &= Am(t)\lambda_{BS}(j,t) \\
&\sim \begin{cases} \overline{S}(\alpha_0,\operatorname{sign}(Am(t))\beta_0,\left|Am(t)\right|\gamma_0,Am(t)\delta_0), & \alpha_0 \neq 1 \\ \overline{S}(1,\operatorname{sign}(Am(t))\beta_0,\left|Am(t)\right|\gamma_0,Am(t)\delta_0 \\ \qquad -\dfrac{2}{\pi}Am(t)(\ln\left|Am(t)\right|)\beta_0\gamma_0), & \alpha_0 = 1 \end{cases}
\end{aligned} \tag{4.42}
$$

其中，截断式 Alpha-Stable 分布 $x_a(j,t) \sim \overline{S}(\alpha(j,t),\beta(j,t),\gamma(j,t),\delta(j,t))$ 的参数由以下公式获得

$$
\begin{cases} \alpha(j,t) = \alpha_0 \\ \beta(j,t) = \operatorname{sign}(Am(t))\beta_0 \\ \gamma(j,t) = \left|Am(t)\right|\gamma_0 \\ \delta(j,t) = Am(t)\delta_0 \end{cases}, \quad \alpha_0 \neq 1 \tag{4.43}
$$

$$
\begin{cases} \alpha(j,t) = 1 \\ \beta(j,t) = \operatorname{sign}(Am(t))\beta_0 \\ \gamma(j,t) = \left| Am(t) \right| \gamma_0 \\ \delta(j,t) = Am(t)\delta_0 - \dfrac{2}{\pi}Am(t)(\ln\left| Am(t) \right|)\beta_0\gamma_0 \end{cases}, \quad \alpha_0 = 1 \tag{4.44}
$$

对于给定的服务阈值比率 $P_{\text{th}}$，集中式无线接入网虚拟资源的 SMG 可表示为

$$
\begin{aligned}
\text{SMG}(P_{\text{th}}) &= \frac{\max\limits_t x_{\text{ath}}(t,P_{\text{th}})}{\max\limits_t m(t)n_o} \\
&= \frac{\max\limits_t \overline{F_{X_a}}^{-1}(t,P_{\text{th}})}{\max\limits_t m(t)n_o}
\end{aligned} \tag{4.45}
$$

根据式(4.35)～式(4.38)，可以得到

$$
\overline{F_{X_a}}^{-1}(t,P_{\text{th}}) = \overline{F_{X_a}}^{-1}(t,P_{\text{th}} + (1-P_{\text{th}})F_{X_a}(0,t)) \tag{4.46}
$$

因此，SMG 可以表示为

$$
\text{SMG}(P_{\text{th}}) = \frac{\max\limits_t \overline{F_{X_a}}^{-1}(t,P_{\text{th}} + (1-P_{\text{th}})F_{X_a}(0,t))}{\max\limits_t m(t)n_0} \tag{4.47}
$$

可以看出，集中式无线接入网中虚拟资源的 SMG 与服务阈值比率 $P_{\mathrm{th}}$、该区域中所有小区的平均流量 $m(t)$ 的最大值、采样区域中的平均小区数 $n_0$，以及截断式 Alpha-Stable 分布的参数 $(\alpha_0,\beta_0,\gamma_0,\delta_0)$ 相关。由于 Alpha-Stable 分布的 PDF $f_X(x)$ 的闭合形式表达式是未知的，将在下一节对其进行数值仿真分析。

### 4.2.4　仿真实验与分析

对于基于对数正态分布的时空联合流量分布模型，选择了三种典型的区域类型：中央商务区（CBD）、公园（park）和校园（campus）。它们的对数正态分布参数 $\sigma$ 在文献[12]中获得。对于基于 Alpha-Stable 分布的时空联合流量分布模型，基站流量均值 $m(t)$、区域内的平均基站个数、面积为 $A$ 的区域内的基站密度所服从的截断式 Alpha-Stable 参数是互相影响的，其中任何一个因素的改变，都会对另外两个因素产生影响，导致另外两个因素的值发生变化。所以，在给出这三个影响因素的值时，应该选定同一个移动通信网络作为研究对象，避免各个影响因素是由不同的移动通信网络得到的。同样选取文献[12]中给出的移动通信网络作为研究对象，该移动通信网络如图 4.10 所示，是一片 $6\times2.5\ \mathrm{km}^2$ 的移动通信网络，该移动通信网络覆盖了多种区域类型，可以较好地反映出潮汐效应对移动通信网络带来的影响。整个移动通信网络一共由 185 个基站所组成，可以看出，不同区域的基站密度不同，像中央商务区这类人流量高的区域，基站密度高，像公园这类人流量低的区域，基站密度较低。

图 4.10　移动通信网络基站分布图

中国移动为文献[12]提供了移动通信网络在 20 天内的各个基站流量数据，每隔 5 分钟对流量数据进行一次采集。基于大量的基站流量数据，采用正弦信号叠加模型对该移动通信网络的流量时间分布特性进行了拟合，拟合的结果如式（4.48）所示，对拟合的结果做 $R^2$ 检验，为 0.9468，结果较为接近 1，拟合的结果具有较高的精确性。移动通信网络的流量时间分布特性指的就是基站流量均值 $m(t)$，取式（4.48）作为流量均值 $m(t)$ 的值，基站流量均值 $m(t)$ 的曲线如图 4.11 所示。

$$m(t)=173.29+89.83\sin\left(\frac{\pi}{12}t+3.08\right)+52.6\sin\left(\frac{\pi}{6}t+2.08\right)+16.68\sin\left(\frac{\pi}{4}t+1.13\right)\tag{4.48}$$

对于面积为 $A$ 的区域内的基站平均个数，参考文献[15]中提供的方法，求解图 4.10 中面积为 $1\text{km}^2$ 的区域的基站平均个数 $n_0$。首先，根据图 4.10 确定各个基站的经纬度位置，在 MATLAB 中根据各个基站的相对经纬度位置，画出基站分布图，如图 4.12 所示，每个点代表着移动通信网络中的一个基站。在基站分布图中，用 $1\text{km}\times 1\text{km}$ 的方框随机进行框选，重复框选 30000 次，记录下每次框选到的基站个数，对这 30000 个基站个数数据取平均值，作为面积为 $1\text{km}^2$ 的区域的基站平均个数 $n_0$，通过计算，得到基站平均个数的值为 15。

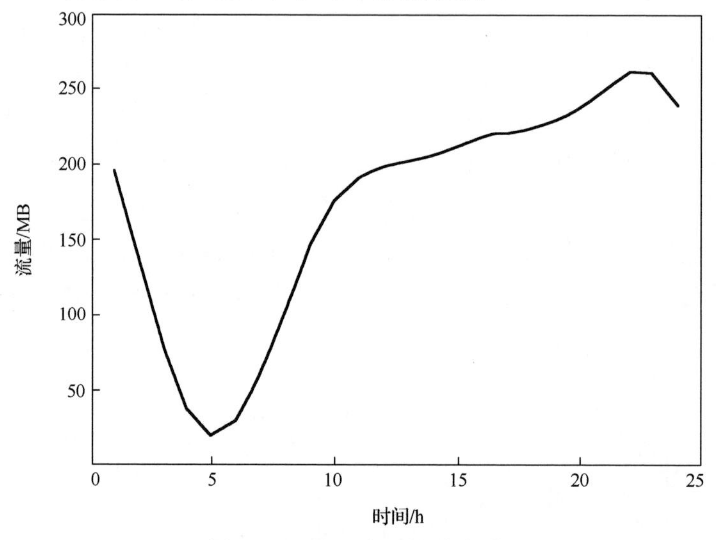


图 4.11　基站流量均值曲线

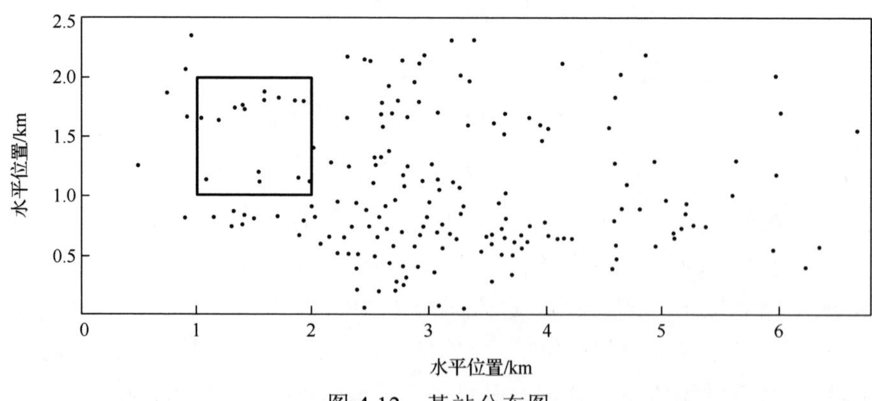


图 4.12　基站分布图

对于求解面积为 $1km^2$ 的区域内的基站密度所服从的截断式 Alpha-Stable 参数，也需要用到基站分布图。在基站分布图中用 $1km \times 1km$ 的方框随机进行框选，重复框选 30000 次，将每次框选到的基站个数除以区域面积 $1km^2$ 作为基站密度，这样就得到了 30000 个基站密度的数据。MATLAB 提供的 stblfit 函数可以拟合出这组数据集所符合的 Alpha-Stable 参数，确定了 Alpha-Stable 分布，就可以唯一地确定相应的截断式 Alpha-Stable 分布，所以将 stblfit 函数得到的 Alpha-Stable 分布的参数作为截断式 Alpha-Stable 分布的参数。通过 MATLAB 拟合，最终得到面积为 $1km^2$ 的区域的基站密度所服从的截断式 Alpha-Stable 的参数 $(\alpha_0,\beta_0,\gamma_0,\delta_0)$ 为 (1.79,1.00,6.33,15.37)。具体参数值设置如表 4.1 中所示。

**表 4.1　仿真参数设置**

| 参数 | 取值 |
|---|---|
| $N$ | 1000 |
| $T$ | 24h |
| $\Delta t$ | 1h |
| $\sigma$ (CBD) | 2.8 |
| $\sigma$ (park) | 1.3 |
| $\sigma$ (campus) | 3.6 |
| $P_{th}$ | (0.94, 0.95, 0.96, 0.97, 0.98, 0.99, 0.999, 0.9999) |
| $m(t)$ (CBD) | $75.72+47.52\sin\left(\frac{\pi}{12}t-2.56\right)+16.71\sin\left(\frac{\pi}{6}t+1.45\right)$ |
| $m(t)$ (park) | $351.06+222.7\sin\left(\frac{\pi}{12}t+3.11\right)+96.24\sin\left(\frac{\pi}{6}t+2.36\right)$ |
| $m(t)$ (campus) | $323.04+148.3\sin\left(\frac{\pi}{12}t+2.98\right)+109.4\sin\left(\frac{\pi}{6}t+2.15\right)$ $+38.43\sin\left(\frac{\pi}{4}t+1\right)$ |
| $m(t)$ (whole area) | $173.29+89.83\sin\left(\frac{\pi}{12}t+3.08\right)+52.6\sin\left(\frac{\pi}{6}t+2.08\right)$ $+16.68\sin\left(\frac{\pi}{4}t+1.13\right)$ |
| $A$ | $1km^2$ |
| $n_o$ | 15 |
| $(\alpha_0,\beta_0,\gamma_0,\delta_0)$ | (1.79,1.00,6.33,15.37) |

对于对数正态分布，SMG 的理论值如图 4.13 所示。

可以看出，对于所有典型的区域类型，SMG 随着 $P_{th}$ 的增加而增加，这是因为 $P_{th}$ 越大，需要配置的处理资源就越多，以支持 DRAN 架构中的高流量负载。

在 C-RAN 中，虚拟资源可以在不同基站之间共享。所以当基站处于高流量负载时，会为其分配足够多的虚拟资源。当基站业务负载较低时，可以将冗余资源动态地重新分配给具有较高业务负载的其他基站。因此，$P_{th}$ 不会显著影响 C-RAN 中的虚拟资源配置。

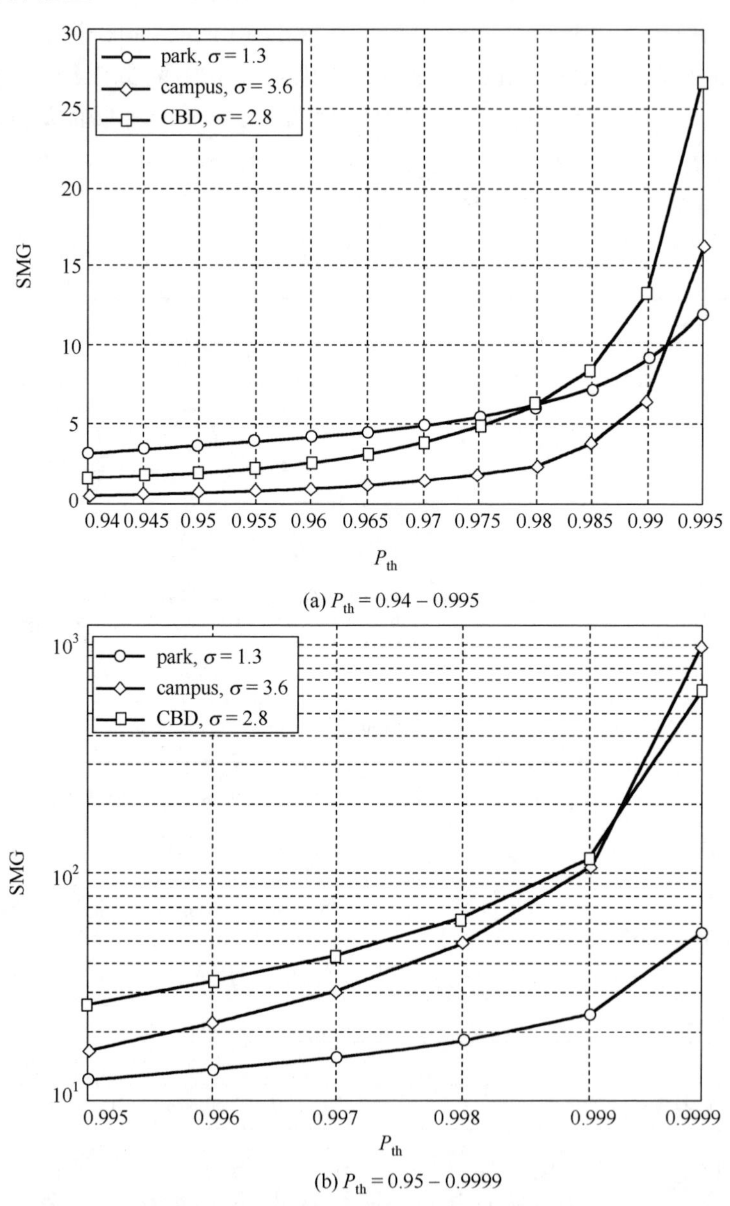


图 4.13　SMG 理论值与 $P_{th}$ 的关系图

图 4.14 显示了 $P_{th}$ 固定为 0.97、0.99 和 0.995 时 SMG 和 $\sigma$ 之间的关系。可以看出，当 $\sigma$ = 1.9, 2.3, 2.6 时，SMG 分别获得最大值(5.86, 14.96, 27.58)。当 $\sigma$ 分别小于 1.9、2.3 和 2.6 时，SMG 随 $\sigma$ 增加而增加；当 $\sigma$ 分别大于 1.9、2.3 和 2.6 时，SMG 随 $\sigma$ 增大而减小。

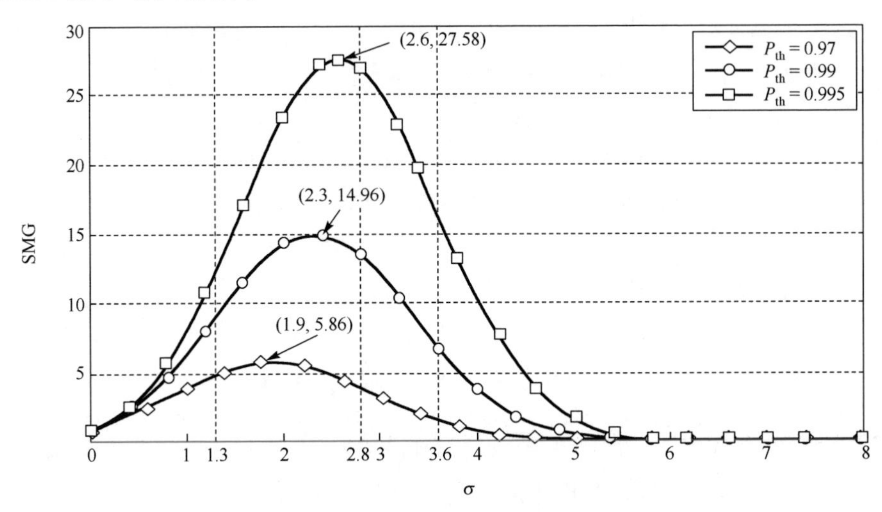


图 4.14　SMG 理论值与 $\sigma$ 的关系图

图 4.15 显示了三个典型区域在不同 $P_{th}$ 时 SMG 仿真和理论值结果对比。三个典型区域的模拟和理论值之间的相对误差均小于 5%，这验证了本章 SMG 理论分析的正确性。

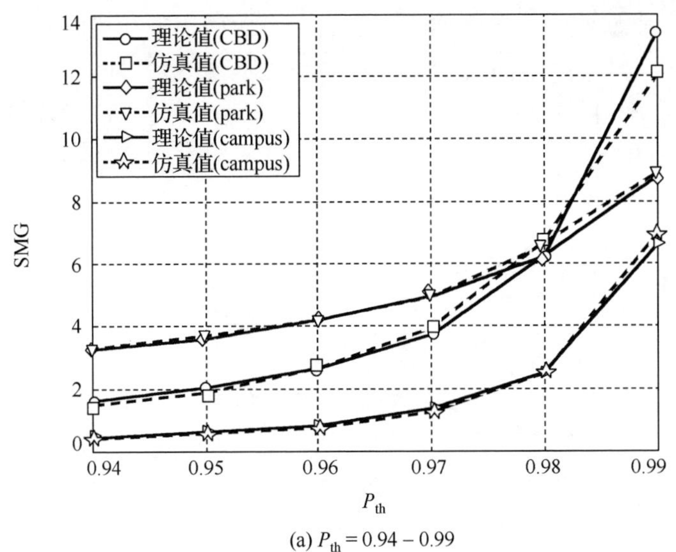


(a) $P_{th}$ = 0.94 – 0.99

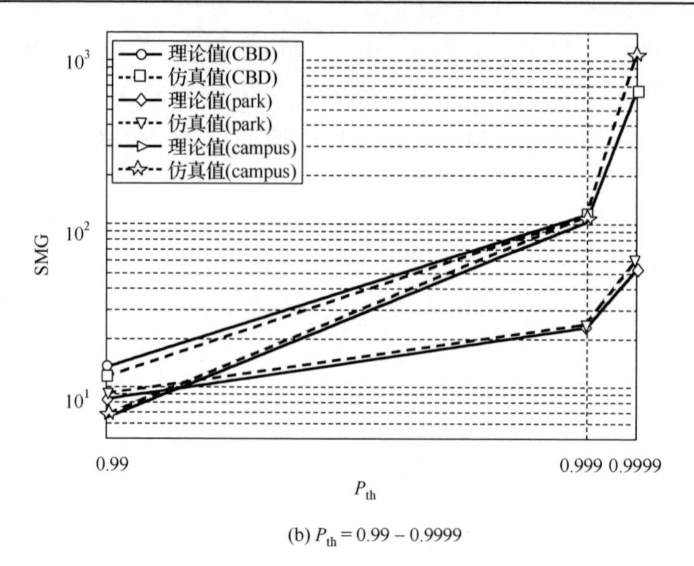


(b) $P_{th} = 0.99 - 0.9999$

图 4.15　不同 $P_{th}$ 下 SMG 理论值与仿真值的对比图(正态对数分布)

对于 Alpha-Stable 分布，图 4.16 显示了目标区域中一天内 1000 个基站场景下，SMG 的理论值与仿真值的对比。

图 4.16 显示出了在不同的 $P_{th}$ 值上的 SMG 仿真值和 SMG 理论值。SMG 仿真值与 SMG 理论值之间的相对误差小于 4%，这验证了理论分析的正确性。此外，从图 4.16 中可以看出，SMG 随 $P_{th}$ 增加而增加，原因与基于对数正态分布一致。但是，当 $P_{th}$ 为 0.9999 时，SMG 远小于基于对数正态分布的，这表明不同的空间流量分布对 SMG 有很大的影响。

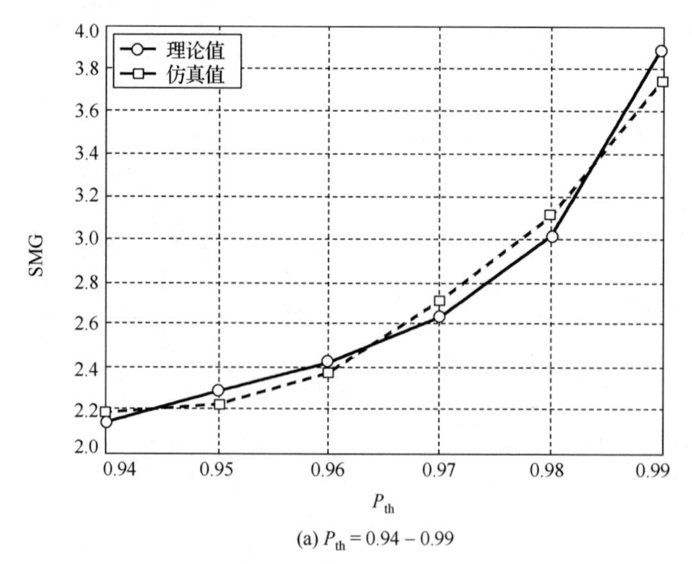


(a) $P_{th} = 0.94 - 0.99$

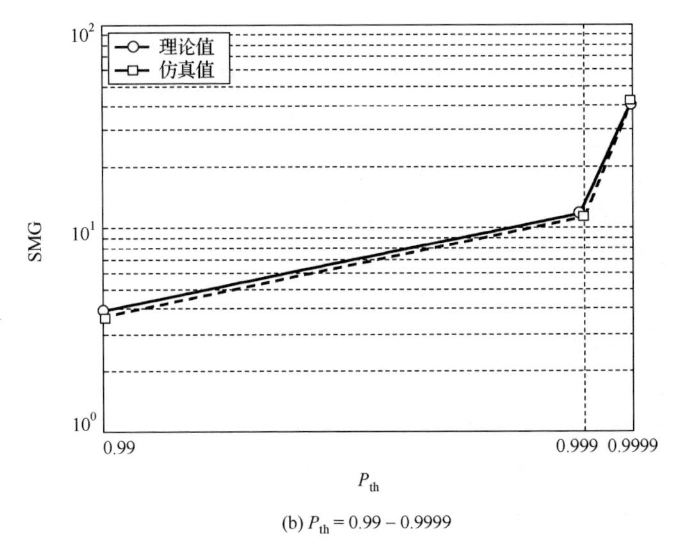


(b) $P_{th}=0.99-0.9999$

图 4.16 不同 $P_{th}$ 下 SMG 理论值与仿真值的对比图(Alpha-Stable 分布)

## 4.3 虚拟资源调度机制及分配算法

在传统的分布式蜂窝网络架构下，每个基站的处理能力只能被其服务的小区内用户使用，当其服务小区处于低负载状态时，基站的处理能力无法被其他基站使用，由于运营商需要时刻都保持网络的覆盖，这些处于空载或低负载的基站必须和处于高负载状态的基站消耗一样的功耗，造成系统资源的浪费。当小区处于高负载状态时，基站所需的处理资源远高于低负载时的需求，在最坏的情况下，其处理资源可能不能满足系统极端峰值情况下对处理资源的需求。另外，随着各种移动互联网业务的兴起以及蜂窝网络中小区半径的不断缩小，各小区处理资源需求的不均匀性更加明显。由于“潮汐效应”的存在，网络的负载在空闲时间段和忙时时间段相比具有明显的差异，但是不同的基站的处理资源不能共享使用，基站之间的处理能力无法实现共用，导致每个基站的处理资源利用率都较低。若按照传统蜂窝网络架构下的静态资源部署方式，将导致大量小区基站的处理资源浪费，而部分小区基站的处理资源不足。在集中式接入网络架构下，各小区基站的处理资源不再为单一基站所独享，虚拟资源作为一种新的资源分配单位被引入，在全系统内通过资源虚拟化技术实现资源的池化和动态共享，系统可以根据各小区负载需求对虚拟资源池中的资源进行按需分配，有效提升了资源的利用率，降低能耗。

基站中的大多数处理任务都具有实时处理特性，因此云计算领域中的资源分配算法不能很好地适用于基站中处理资源的调度分配。目前也有一些研究针对集中式蜂窝网络架构下资源调度及分配问题进行了讨论。文献[23]提出了一种集中式蜂窝网络架构下的资源池处理资源配置方法，实现处理资源的统一管理和调度，但实现复杂度较大，在基站大规模系统任务处理时，无法满足无线通信毫秒级数据处理的要求。文献[8]提出一种 CloudIQ 框架来降低整体网络成本，设计了集中式蜂窝网络架构下资源池处理资源动态分配算法，通过关注物理层信号处理来提高处理资源利用效率。在保证各小区处理资源需求的前提下，最大化系统可服务的基站数目，但该算法假设每个基站都处于最大负载状态，在实际应用中，系统负载动态变化特征会导致部分处理资源的浪费。文献[24]和文献[25]提出了集中式蜂窝网络架构下的系统虚拟资源池的三种资源分配模型，但是没有给出针对大规模网络规模场景中基于所提出模型的资源池分配方案。文献[26]基于任务计算位置选择，以时延为约束设计高能效的资源分配方案，提出了计算位置选择和资源分配方法，通过将延迟视为约束来实现节能资源分配。文献[27]中提出了一种基于基站负载分集的集中式接入网优化资源分配算法，旨在提高处理资源利用率。

在以上方案中，资源的粒度是一个计算物理设备(如 IT 服务器)或计算处理器，资源粒度过大不能充分进行资源的细粒度分配，存在处理资源单元的计算能力大于所需要的计算能力，从而导致资源利用率降低和系统能耗增加。这些方案都不利于充分实现集中式接入网架构中基站虚拟资源统计复用效益。因此，需要充分考虑虚拟资源粒度大小对资源利用率和能耗的影响，选择合适的虚拟资源粒度进行动态资源分配与调度，在保证满足网络业务负载需求和服务质量的前提下，设计资源利用率高、系统能耗低的虚拟资源动态分配算法。

### 4.3.1　虚拟资源管理调度机制

在集中式无线接入网络中，许多分布式部署的基站的处理资源被集成在集中式虚拟资源池中，该集中式虚拟资源池通过高速交换光纤网络连接到 RRH。通过将多个基站的处理资源集中在一个地方，网络部署变得简单并且可以节省大量能耗[1,27,28]。接下来将以 4.17 图所示架构[27]为例来说明集中式无线接入网络架构。

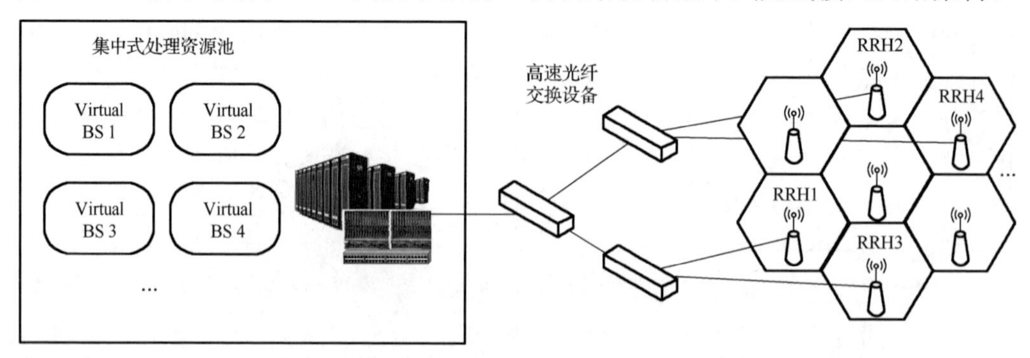


图 4.17　集中式接入网网络架构图

集中式接入网由三个主要部分组成：位于小区站点的分布式 RRH、高容量和低延迟光网络以及集中资源处理池。此外，集中式虚拟资源池进一步分为三个部分：基于 DSP 的高性能多模式可重构 BBU 池、FPGA 和加速器等，基于多模式高层协议处理单元(Protocol Processing Unit，PPU)池通用处理器和集中管理中心[28]。在集中式接入网架构中，分布式基站所需的处理资源被集中到一个可共享的集中式虚拟资源池中，集中式接入网将为每个小区分配虚拟资源以处理通信任务，可以被建模为虚拟基站 VBS。

基于图 4.17 所示网络架构，面向集中式基站架构的虚拟资源管理系统如图 4.18 所示。

(1) 待分配计算资源的虚拟基站集合，标记为 VBS1、VBS2、VBS3、VBS4、VBS5 和 VBS6 等，虚拟基站实际对应于远端射频单元 RRH；协议虚拟资源池，由一个或多个处理器构成，每个处理器可配置多个处理器核，标记为 core1、core2、core3 和 core4 等，各处理器核可具有相同或不同的计算能力。

(2) 计算资源管理单元，其包括 VBS 负载统计模块和 VBS 与处理器核匹配模块，其中，VBS 负载统计模块用于统计、汇总和计算其管辖范围内的虚拟基站的负载与计算资源需求量等，并将统计数据和汇总结果提供给 VBS 与处理器核匹配模块作为资源分配算法的决策依据，VBS 与处理器核匹配模块负责根据 VBS 负载统计模块提供的每个虚拟基站的虚拟资源需求量以及协议虚拟资源池中的计算资源的处理能力，完成虚拟基站与协议虚拟资源池中的处理器核之间的匹配映射。

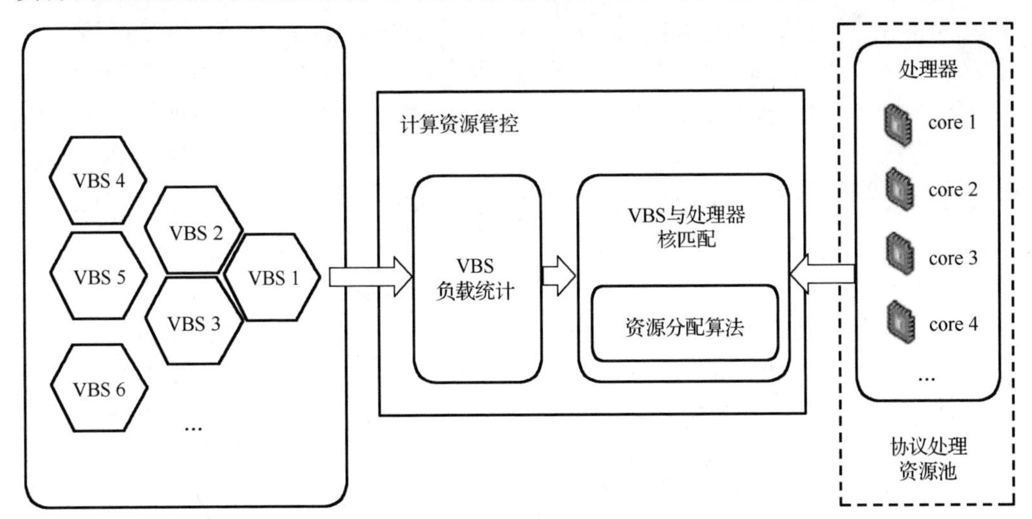


图 4.18　面向集中式基站架构的虚拟资源调度系统图

虚拟资源池中的处理器核可根据网络的负载情况实时地关闭或开启，例如，当网络长时间处于低负载状态时，可关闭一部分处于空闲状态的处理器核，而当网络处于高负载状态，可重新开启处理器核，处理器核的关闭或开启的时机可由计算资源管理中心根据当前的负载情况和虚拟资源池的计算能力决定。

在 LTE 中，空中接口协议从上到下依次由以下几部分组成：无线资源控制层(Radio Resource Control，RRC)、分组数据汇聚协议层(Packet Data Convergence，PDCP)、无线链路控制层(Radio Link Control，RLC)、媒体接入控制层(Medium Access Control，MAC)以及物理层(Physical，PHY)构成，如图 4.19 所示。LTE 协议栈按照传输的消息类型不同，可以分为用户平面协议和控制平面协议。控制平面协议由 RRC 层、PDCP 层、RLC 层、MAC 层和物理层构成，用于承载用户和核心网之间的信令消息，建立连接、进行无线资源管理、释放连接等；用户平面协议相比于控制面协议层次只少了 RRC 层，主要用来承载和用户业务相关的数据，包括上下行数据传输、安全检测、信道选择等功能。

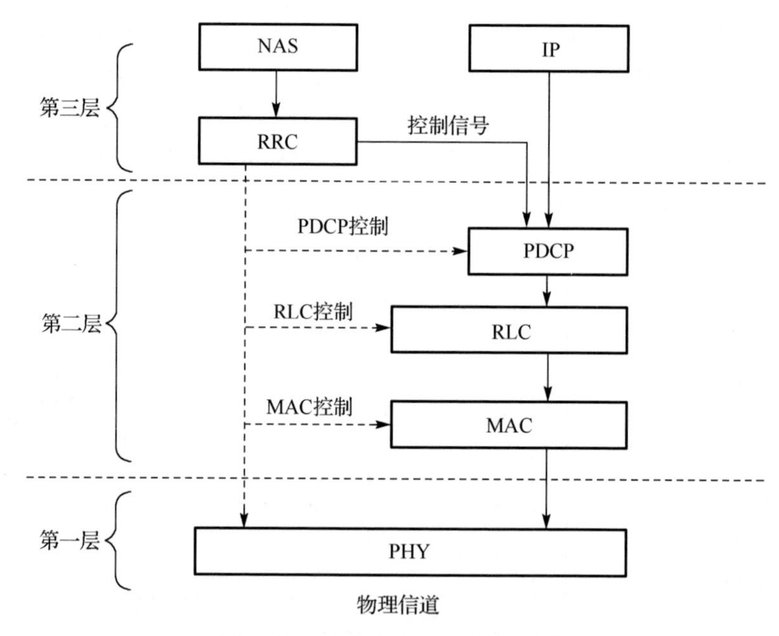


图 4.19　LTE 空中接口协议结构

针对集中式基站架构的协议资源池中高层协议处理的虚拟资源分配问题，高层协议栈处理功能包括分组数据汇聚协议(PDCP 模块)、无线链路控制协议(RLC 模块)、媒体接入控制协议(MAC 模块)，功能示意如图 4.20 所示。

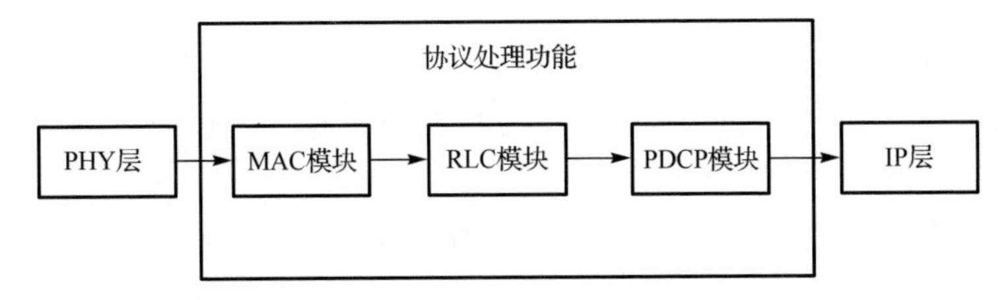


图 4.20　LTE 系统协议栈处理功能示意

虚拟基站中数据流和协议处理功能如下。

(1) 分组数据汇聚协议 (PDCP 模块)[29]，分组数据汇聚协议用于实现用户面数据的头压缩和解压缩并向 IP 层提供处理之后的数据包，既可以处理用户面的数据，也能处理控制面的数据，属于无线接口协议栈的第二层。对不同的无线承载 SRB (Signaling Radio Bearer) 和 DRB (Data Radio Bearer) 的处理方式有所不同。在控制面上，为上层 RRC 提供信令传输服务，并实现 RRC 信令的加密和一致性保护，以及在反方向上实现 RRC 信令的解密和一致性检查，以保证信息的安全性。在用户面上，PDCP 层从核心网接收 IP 数据包，使用 ROHC (Robust Header Compression) 技术对数据包进行头压缩和加密操作。头压缩是对 DRB 进行处理时使用的技术，通过头压缩技术缩减头部的长度，使语音的传输效率得到提高；完整性保护/验证功能只用于 SRB，用来保证传输的内容不被自然或者人为因素破坏，通过在原来的数据包上附加一串检查码来对数据进行保护；加密技术既应用于 SRB，也应用于 DRB，PDCP 层常用的加密算法有 AES 算法、SNOW3G 算法等。通过使用加密技术，传输过程中的数据不会被轻易地获取和破解，从而保证信令和数据传输的安全性。

(2) 无线链路控制协议 (RLC 模块)[30]，无线链路控制协议用于实现 RLC 层 SDU (Service Data Unit) 的串接、分段重组、重新排序等，处于 PDCP 和 MAC 的中间，位于 LTE 协议栈第二层的位置。RLC PDU (Protocol Data Unit) 的大小一般是 MAC 层根据资源调度的结果指定的，其大小并不一定等于 RLC SDU 大小，所以需要对 SDU 进行分段、级联一系列操作，构造指定大小的 RLC PDU。另外，由于 MAC 层中有多个 HARQ 进程并行运行，RLC 很可能发生 PDU 的失序接收，所以需要根据序列号 SN 对 RLC PDU 进行重排序。RLC 层可以被配置为 TM 透明传输模式、UM 非确认传输模式、AM 确认传输模式这三种传输模式。TM 模式是一种透明传输模式，不对数据包进行处理直接递交。同时该模式是一种单向传输模式，因此一个 RLC 实体只能发送或者接收数据，而不能同时进行双向收发。UM 模式是一种不可靠的传输模式，除了不支持重传和重分段功能，它可以支持 RLC SDU 其他全部功能。RLC UM 模式由于具有传输的有序性和相对较低的复杂度，常用来传输时延敏感度高的业务数据，比如 VoIP 通话业务。这类业务允许不可靠传输造成的丢包或出错，但是不能容忍传输时延过大，因此适合 UM 的传输特点。UM 模式也是一种单向的传输方式，一个 RLC 实体不能同时接收和发送。AM 模式包括 RLC 实体的所有功能，最大的特点是重传功能，因此 AM 模式提供的是一种可靠的服务，在控制面以及用户面的大多数数据业务中都会使用它。在控制面中，除去那些使用 TM 模式传输的 RRC 消息以外，其他的所有 RRC 消息都使用 AM 模式。在用户面中，交互背景类的用户数据，比如网页浏览、文件传输，都使用 AM 模式传输。

(3)媒体接入控制协议(MAC 模块)[31]，媒体接入控制协议用于从物理层(PHY)接收数据、实现逻辑信道到传输信道的映射以及进行来自多个逻辑信道的 MAC 服务数据单元的复用和解复用等，处于逻辑信道和传输信道之间，位于 LTE 协议栈第二层的最底端。逻辑信道与传输信道的映射使用信道复用技术将一个或多个逻辑信道上的 MAC SDU 组装为 MAC PDU，映射到传输信道上。相应地，使用解复用技术，将传输信道上的 MAC PDU 解封装为多个 MAC SDU，映射到多个逻辑信道上。随机接入功能用于 UE 接入基站并进行上行同步。随机接入按照接入场景的不同，划分为基于竞争接入和基于非竞争接入两种方式。非竞争接入发生在终端和基站已经建立起来的连接，而竞争接入方式需要基站侧通过冲突解决协议选择允许接入的 UE，与基站建立起连接。混合自适应重传根据对端反馈的 HARQ ACK/NACK 信息，设置相应的 HARQ 进程状态，并对出错的数据块进行重传。无线资源调度分为动态调度和半静态调度，基站侧的 MAC 层为多个 UE 多种逻辑信道设置优先级，进行无线资源的分配，并选择合适的传输格式。

根据这些协议栈的处理功能特点，可以将虚拟基站的协议处理任务划分为分组数据汇聚协议子任务、无线链路控制子任务和媒体接入控制子任务等。

### 4.3.2　虚拟资源动态分配算法

根据集中式接入网系统对不同虚拟基站的负载需求，动态地分配协议虚拟资源，为此，假设 PPU 池具有 $S$ 个处理器核，每个处理器核具有固定的计算容量 $C$，其以百万运算/秒(Million Operations Per Time-Slot，MOPTS，每时隙百万指令集数量)表示[32]。在一段时间内，网络总共包含 $M$ 个 VBS。根据其一段时间的网络负载，每个 VBS 的计算资源需求是 $R_i^{\mathrm{REQ}}(i=1,2,\cdots,M)$。每个 VBS 的协议处理任务可以进一步分解为 $N$ 个计算子任务。子任务被定义为可以在不同处理器核中独立处理的功能。例如，子任务可以定义为 PPU 的子层，每个子任务的计算资源需求是 $R_{i,n}^{\mathrm{REQ}}(n=1,2,\cdots,N)$。每个处理器核可以同时处理不同 VBS 的计算任务或子任务。将 $R_{i,j}(i=1,2,\cdots,M; j=1,2,\cdots,S)$ 定义为在 MOPTS 中分配给虚拟基站 $i$ 的处理器核 $j$ 的计算资源。当虚拟基站 $i$ 的处理任务被分解为映射到不同处理器核以进行处理的 $N$ 个计算子任务时，这些处理器核之间的通信需要额外的计算资源，称为核间通信开销。令 $\delta_{i,j}$ 是虚拟基站 $i$ 的处理器核 $j$ 的核间通信中消耗的附加计算资源，其中

$$\delta_{i,j}=\begin{cases}0, & R_{i,j}=R_i^{\text{REQ}}\text{或 }0\\ \delta_{\text{comu}}, & \text{其他}\end{cases} \tag{4.49}$$

另外，协议虚拟资源池中可用的总计算资源应大于所有 VBS 的总计算资源需求量，表示为

$$\sum_{i=1}^{M} R_i^{\text{REQ}} \leqslant SC \tag{4.50}$$

接下来，将给出协议虚拟资源池的功耗模型。EARTH（Energy Aware Radio and network Technologies）模型已被广泛用于功耗模型中，用于分析传统蜂窝架构的移动通信系统中基站的功耗[33]。但是，EARTH 模型不能直接适用于描述集中式无线接入网络架构中的功耗，因为多个 PPU 集中在 PPU 池中，PPU 的计算资源可以在 VBS 之间动态共享，这与传统的蜂窝架构不同。所以，应该为集中式无线接入网络设计新模型。通常，虚拟化 PPU 池的功耗可以用下式来进行计算

$$P_{\text{pool}}=\sum_{j=1}^{S} P_{j,\text{active}} \tag{4.51}$$

其中，$P_{j,\text{active}}$ 是为 VBS 分配的处理器核的功耗，$P_{j,\text{active}}$ 定义为静态功耗和动态功耗之和[34]：$P_{j,\text{active}}=P_{j,\text{static}}+P_{j,\text{dyn}}$。静态功耗是由泄漏电流引起的功耗，动态功耗是处理器的容性负载充电和放电损失的功耗，取决于处理器核所用于进行计算任务处理的计算资源总量。定义处理器核 $j$ 分配给虚拟基站 $i$ 的计算资源为 $R_{i,j}(i=1,2,\cdots,M; j=1,2,\cdots,S)$，进一步得到处理器核 $j$ 的动态功耗。因此，处理器核的功耗如下

$$P_{j,\text{active}}=P_{j,\text{static}}+\alpha\sum_{i=1}^{M}(R_{i,j}+\delta_{i,j}) \tag{4.52}$$

其中，$\alpha$ 表示功耗因子，即单位计算资源所消耗的功耗，$\delta_{i,j}$ 为核间交互开销功耗[35]。通过将式（4.52）代入到式（4.51）中，得到

$$P_{\text{pool}}=\sum_{j=1}^{S}\left(P_{j,\text{static}}+\alpha\sum_{i=1}^{M}(R_{i,j}+\delta_{i,j})\right) \tag{4.53}$$

基于以上分析，最小化功耗的计算资源分配问题可以表示为

$$\min \sum_{j=1}^{S} \beta_j \left( P_{j,\text{static}} + \alpha \sum_{i=1}^{M} (R_{i,j} + \delta_{i,j}) \right) \tag{4.54}$$

$$\text{st} \quad \sum_{j=1}^{S} R_{i,j} \geqslant R_i^{\text{REQ}}, \quad i = 1,2,\cdots,M \tag{4.55}$$

$$\sum_{i=1}^{M} (R_{i,j} + \delta_{i,j}) \leqslant C, \quad j = 1,2,\cdots,S \tag{4.56}$$

$$R_i^{\text{REQ}} = \sum_{n=1}^{N} R_{i,n}^{\text{REQ}}, \quad i = 1,2,\cdots,M \tag{4.57}$$

其中，约束条件(4.55)确保分配给每个 VBS 的计算资源应满足其最小计算资源需求量。处理器核的计算能力限制为 $C$，如约束条件(4.56)所示。VBS 的总计算资源需求量是其所有子任务的计算资源需求量的总和，如式(4.57)所示。在约束条件(4.56)中，当虚拟基站 $i$ 的任务由单个处理器核进行处理时，指示符量 $\delta_{i,j} = 0$，否则，指示符量 $\delta_{i,j} = \delta_{\text{comu}}$，如式(4.49)所示。最后，(4.54)中的 $\beta_j$ 表示处理器核的开启与否情况，用 OFF 或 ON 状态表示，即

$$\beta_j = \begin{cases} 0\ (\text{OFF}), & \sum_{i=1}^{M} R_{i,j} = 0 \\ 1\ (\text{ON}), & \text{其他} \end{cases} \tag{4.58}$$

以上给出的问题(4.54)是一个混合整数线性规划问题，已被证明是非确定性 NP 难问题。可以通过穷举搜索所有可能的资源分配组合(共有 $S^{MN}$ 种)来获得最优解，其复杂度随着问题规模的增加而指数上升，这将为大规模网络部署时带来极高甚至不切实际的计算复杂性。因此，本节将进一步对该问题进行分析并设计次优解解决方案，以达到算法性能与计算复杂度的折中。

从式(4.49)及约束条件式(4.55)和式(4.56)可以看出，目标函数(4.54)的最小值与系统处理器核间开销 $\delta_{\text{comu}}$ 相关，下面先对 $\delta_{\text{comu}}$ 两种极值情况下，对目标函数(4.54)的最优解进行分析，然后给出本节的算法设计。

1) $\delta_{\text{comu}}$ 趋于无穷大时目标函数的最优解

当式(4.49)中的 $\delta_{\text{comu}}$ 趋于无穷大时，如果 VBS 的子任务被映射到多个处理器核以进行处理，则子任务间的核间通信开销也将是无限大的，这样，目标问题式(4.54)将没有可行的解决方案。也就是说，在 $\delta_{\text{comu}}$ 趋于无穷大时，意味着 VBS 的计算任务不能划分为子任务以映射到多个处理器核进行处理。因此，VBS 的计算任务

只能映射到单个处理器核以进行处理。此时，目标问题可以转化为传统的一维装箱问题，通过降序首次适应算法(First Fit Decreasing，FFD)[36]可以得到最近最优解。

2) $\delta_{\text{comu}}$=零时目标函数的最优解

当式(4.49)中的$\delta_{\text{comu}}=0$时，由于没有核间通信开销，可以将不同 VBS 的计算任务划分为无限多数量的子任务，进而映射到多个处理器核上进行处理，因此，按照各个 VBS 的计算资源需求，依次将各 VBS 的子任务按次序调度到处理器核上执行，直到满足系统所有 VBS 的所有子任务的计算资源需求为止，从而可以获得最优的资源分配方案，即没有核间通信开销时问题的最优解。

当$\delta_{\text{comu}}\in(0,\infty)$时，VBS 的子任务数量有限，在资源分配算法的设计中应考虑核间通信开销的影响。由于当前已有研究可以很好地解决$\delta_{\text{comu}}=\infty$或 0 时的情况，本节提出的算法主要面向$\delta_{\text{comu}}\in(0,\infty)$时的情况。在本节中，我们将计算资源分配问题转化为一个装箱问题。每个处理器核表示为用于计算资源的箱子，并用$C$ MOPTS 表示。每个虚拟基站$i$的协议虚拟资源需求$R_i^{\text{REQ}}(i=1,2,\cdots,M)$，被视为具有等于所需计算资源 MOPTS 大小的元素，需要被装进到箱子中。FFD 启发式算法被认为是解决装箱问题的标准快速算法。在 FFD 算法[36]中，它首先将元素列表按降序排序，然后通过将每个元素放入其适合的第一个箱子中来按顺序处理所有元素。基于 FFD 启发式算法的思想，我们提出一种能耗感知的动态资源分配算法(EADRA)。首先，对系统中的所有 VBS，根据其计算资源需求量重新排序为递减顺序。然后，对于每个虚拟基站$i$，将其映射到可满足其计算资源需求的第一个激活态的处理器核。如果找不到激活态的处理器核，将尝试以下两种可选方案：一种是打开一个新的处理器核并将虚拟基站$i$映射到该新处理器核；另一种是将虚拟基站$i$的计算任务分解为许多子任务用于映射到不同的处理器核。最后，比较上述两种可选方案的功耗，并选择 PPU 池功耗较低的方案。重复上述过程，直到分配了所有 VBS 的计算资源需求。算法步骤流程图如图 4.21 所示。

该协议池虚拟资源分配算法(EADRA)具体步骤如下。

步骤 1：对系统中的虚拟基站进行网络负载数据的统计汇总，并计算得到该负载进行协议处理功能时所需要的相应计算资源。协议资源池中共有$S$个处理器核，每个处理器核的计算能力都是相同的，记作$C$，单位为 MOPTS。待分配计算资源的虚拟基站的总数为$M$个，对每个虚拟基站进行编号，分别记为$1,2,\cdots,M$。每个虚拟基站的协议处理功能任务可以根据处理任务的特点分为$N$个计算子任务，在 LTE 系统中，根据无线通信系统高层协议栈协议处理功能特点，可以将协议处理任务分为：分组数据汇聚协议子任务、无线电链路控制子任务和媒体接入控制子任务等。这样，每个虚拟基站所需的计算资源$R_{i,j}$为各个子任务的计算资源需求之和，子任务的计算资源需求表示为 $R_{i,n}^{\mathrm{REQ}}(n=1,2,\cdots,N)$。每个处理器核都能同时处理不同虚拟基站的计算子任务。

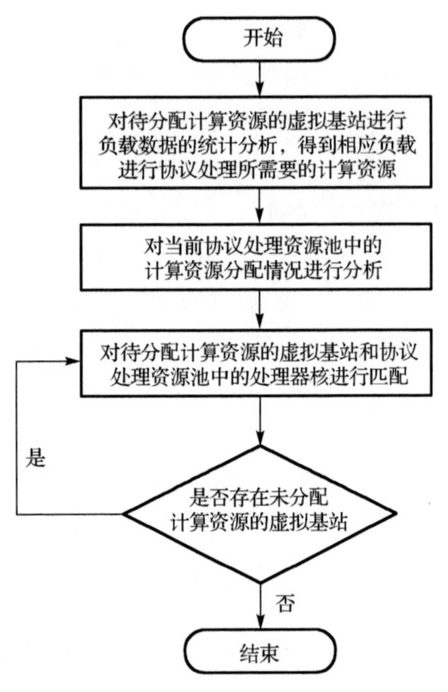


图 4.21　协议虚拟资源分配算法流程图

步骤 2：对当前协议虚拟资源池中的计算资源分配情况进行统计分析。协议虚拟资源池中总的计算资源为 $S$ 个处理器核的计算能力之和，记为：$SC$。并且，所有虚拟基站的计算资源需求量之和小于协议虚拟资源池中总的计算资源数量，表示为 $\sum_{i=1}^{M} R_i^{\mathrm{REQ}} \leqslant SC$。进一步统计汇总并计算得出协议虚拟资源池中剩余的计算资源数量，记为 $R_j^{\mathrm{Idle}} = C(j=1,2,\cdots,S)$。

步骤 3：对待分配计算资源的虚拟基站和协议虚拟资源池中的处理器核进行匹配。根据步骤 1 所得的每个虚拟基站进行协议处理功能所需要的计算资源数量，在当前协议虚拟资源池中的计算资源使用情况(步骤 2 获得)的基础上进行计算资源的分配，得到各个虚拟基站的计算资源分配结果，完成虚拟基站与协议虚拟资源池中处理器核之间的匹配。虚拟基站与计算资源的匹配过程包括以下几个子步骤。

步骤 3-1：根据每个虚拟基站的计算资源需求 $R_i^{\mathrm{REQ}}(i=1,2,\cdots,M)$，对待分配计算资源的虚拟基站进行降序排序。

步骤 3-2：对协议虚拟资源池中每个已开启的处理器核，分别根据其剩余计算资源 $R_j^{\text{Idle}} = C(j = 1,2,\cdots,S)$。选择剩余计算资源大于零的处理器核，组成集合 $\Omega_{\text{RES}}$，$\Omega_{\text{RES}} = \{j \mid R_j^{\text{Idle}} > 0, j = 1,2,\cdots,S\}$。

步骤 3-3：对于已排序好的虚拟基站队列，依次对每个虚拟基站进行计算资源分配，从剩余计算资源大于零的处理器核组成的集合 $\Omega_{\text{RES}}$ 中进行计算资源的搜索，寻找一个处理器核，使得该处理器核的剩余计算资源大于虚拟基站 $i$ 所需要的计算资源数量，若能找到这样的一个处理器核 $j$，则将该处理器核 $j$ 分配给虚拟基站 $i$，同时更新该处理器核的剩余计算资源 $R_j^{\text{Idle}}$，并将虚拟基站 $i$ 从待分配计算资源的虚拟基站队列中移除。

步骤 3-4：若在集合 $\Omega_{\text{RES}}$ 中找不到剩余计算资源大于虚拟基站 $i$ 所需要的计算资源的处理器中，则考虑以下两种可供选择的分配方案。

方案 A：开启协议虚拟资源池中一个新的处理器核，并将该处理器核分配给虚拟基站 $i$，更新该处理器核的剩余计算资源 $R_j^{\text{Idle}}$，并将虚拟基站 $i$ 从待分配计算资源的虚拟基站队列中移除，并且计算出在此种方案下，虚拟资源池的总功耗 $P_A$。

方案 B：将虚拟基站 $i$ 的协议处理任务分解成 $n$ 个计算子任务，对于每个计算子任务，其计算资源需求量为 $R_{i,n}^{\text{REQ}} + \delta_{\text{comu}}$，从剩余计算资源大于零的处理器核组成的集合 $\Omega_{\text{RES}}$ 中进行搜索，寻找一个处理器核，使得该处理器核的剩余计算资源量大于 $R_{i,n}^{\text{REQ}} + \delta_{\text{comu}}$，若能找到这样一个处理器核 $j$，则将该处理器核分配给虚拟基站 $i$ 的子任务，同时更新该处理器核的剩余计算资源量 $R_j^{\text{Idle}}$。否则开启一个新的处理器核与该计算子任务进行匹配。对虚拟基站 $i$ 的每个计算子任务都进行以上方式的计算资源分配，直到虚拟基站 $i$ 的所有子任务都完成了与处理器核的匹配，并且计算出在此种分配方案下，协议虚拟资源池的总功耗 $P_B$。

步骤 3-5：比较步骤 3-4 中方案 A 和方案 B 的协议虚拟资源池的总功耗 $P_A$ 和 $P_B$，选择总功耗小的方案作为计算资源的分配方案。

步骤 4：重复执行步骤 3，直到所有待分配计算资源的虚拟基站都完成了与协议虚拟资源池中处理器核的匹配。

在为系统中的 VBS 分配计算资源的过程中，需要提前获得所有 VBS 的计算资源需求量。然后，通过 EADRA 算法为所有 VBS 分配计算资源。需要说明的是，除了系统虚拟资源预分配的情况外，在实际系统运行的过程中，根据移动蜂窝网络的负载统计特性，在每一约定时间段内，仅有部分小区的计算资源需求变化较大，若对系统中所有虚拟基站都考虑计算资源的重新分配，将会造成较大的系统压力和开销，同时也会影响系统的运行性能。因此，在实际的计算资源分配过程中，可设定一个资源需求变化阈值，仅对大于阈值的虚拟基站进行计算资源的重新分配。具体方案为：对当前资源需求变化大于阈值的虚拟小区，首先回收其已经占用的计算资源，更新协议虚拟资源池中的剩余计算资源集合$\Omega_{\text{RES}}$；然后考虑$M=1$的情况，采用上述资源分配方案来为该虚拟基站进行资源分配。

考虑到算法的计算复杂度，在最坏的情况下，每个 VBS 的计算任务需要被分解为$N$个子任务，以便在执行所有 VBS 的计算资源分配期间进行任务与计算资源的匹配。因此，问题(4.54)的规模大小是$MN$，故 EADRA 算法的计算复杂度是$O(MN\log MN)$，其与 VBS 的数量和子任务的数量有关。与其他算法的计算复杂度的比较如表 4.2 所示。

**表 4.2 算法计算复杂度比较**

| 算法 | 计算复杂度 |
|---|---|
| 穷举搜索 | $O(S^{MN})$ |
| LDA[27] | $O(S^{M})$ |
| EADRA | $O(MN\log MN)$ |
| FFD | $O(M\log M)$ |

### 4.3.3 算法仿真与分析

在仿真分析中，考虑基于 LTE 接入技术的集中式无线接入网络架构，系统中具有可变数量的 VBS，根据文献[34]中 LTE L2 协议处理的性能分析，每个 VBS 的协议处理单元被细分为三个子层（$N=3$），并且协议处理单元(下行链路)的计算资源消耗占比为：PDCP 子层为 71%，RLC 和 MAC 子层分别为 23%和 6%。因此，假设子任务（$R_{i,n}^{\text{REQ}}(n=1,2,3)$）的计算资源需求分别占总计算资源需求量的 71%、23%和 6%，虚拟基站$i$的总计算资源需求量为$R_i^{\text{REQ}}$。基于文献[1]中给出的中国移动办公/住宅区的蜂窝网络流量负载统计和在 LTE 系统工程实践中 VBS 实际实现的实验结果，虚拟基站$i$的计算资源需求（$R_i^{\text{REQ}}(i=1,2,\cdots,M)$）在仿真中设置为 0.1～0.7MOPTS。

在 LTE 系统的实际工程实践中，使用基于 FreescaleTM QorIQTM P4080 / P4040 多核处理器的 AM4140 协议处理板来进行高层协议处理功能。此外，实际 LTE 系统的 VBS 实现中的实验结果表明，每个处理器核中约有总计算能力的 5%用于进行处理器核之间的数据交换和交互的通信开销。因此，在仿真中，$\delta_{\text{comu}}$设置为 0.05。其他详细的仿真参数如表 4.3 所示。

表 4.3　仿真参数设置

| 参数 | 取值 |
| --- | --- |
| $C$ | 1 MOPTS |
| $P_{j,\text{static}}$ | 1.6W [35] |
| $\alpha$ | 0.8W/MOPTS [35] |
| $N$ | 3 |
| $\delta_{\text{comu}}$ | 0.05 MOPTS |

图 4.22 显示了分别利用 SRA、FFD、LDA 和 EADRA 算法给虚拟基站分配的计算资源处理器核的数量。可以看到，EADRA 算法明显优于其他算法，尤其是当网络规模逐渐增大时。图 4.23 则显示了在不同网络规模(VBS 的数量不同)下，EADRA 算法相比于 LDA、FFD 和 SRA 算法的计算资源处理器核的数量减少比例。当 VBS 的数量为 50 时，利用 EADRA 算法分配的处理器核的数量比利用 LDA、FFD 和 SRA 分别减少 15%、30%和 58%。当 VBS 的数量(代表网络规模的大小)增加到 200 时，利用 EADRA 算法分配的处理器核的数量比利用 LDA、FFD 和 SRA 算法分别减少 19%、37%和 60%。

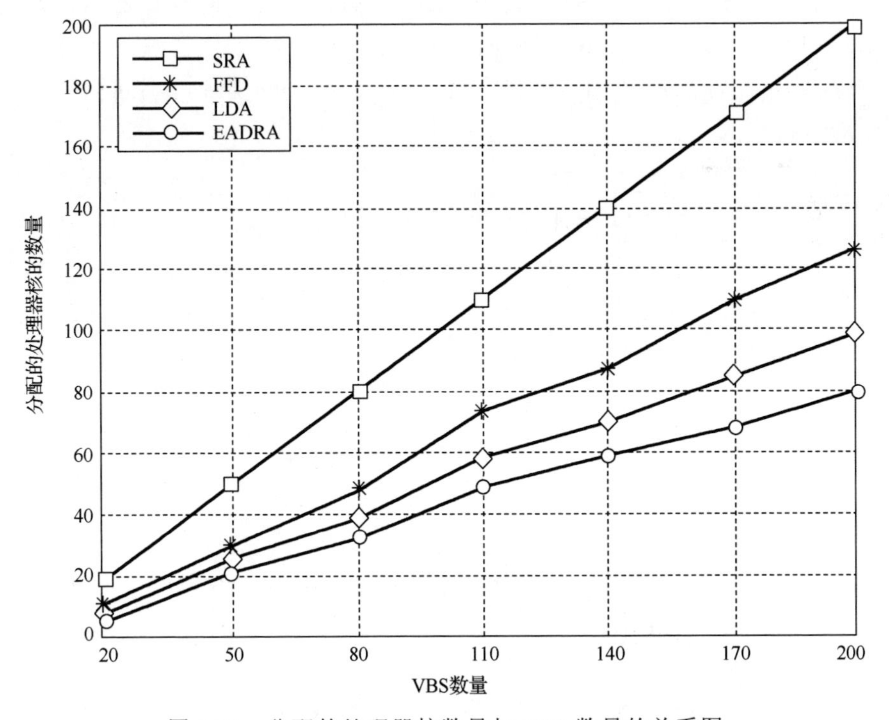


图 4.22　分配的处理器核数量与 VBS 数量的关系图

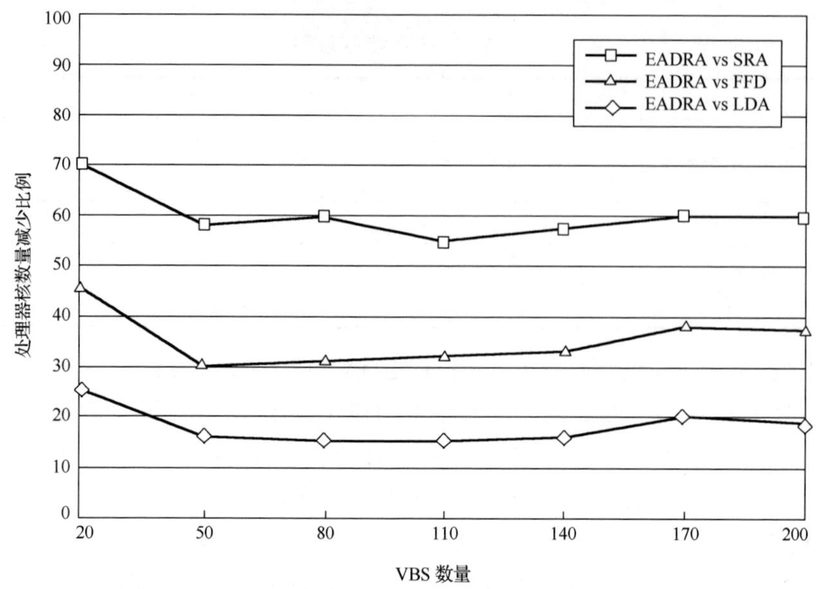


图 4.23　处理器核数量减少比例与 VBS 数量的关系图

图 4.24 显示了在不同网络规模(VBS 的数量不同)下协议虚拟资源池的功耗。图 4.24 中的曲线趋势类似于图 4.22，这是因为功耗与处理器核数之间近似线性关系，如式(4.53)中所示。可以观察到，利用每一种算法进行资源分配时，功耗都随着 VBS 数量的增加而增加。此外，随着 VBS 数量的增加，不同算法下的功耗差异逐渐变得更大。

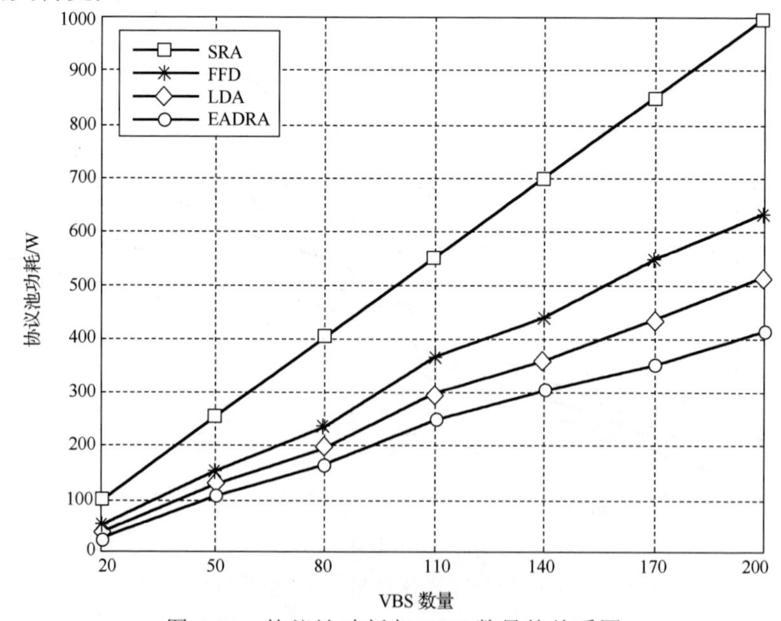


图 4.24　协议池功耗与 VBS 数量的关系图

图 4.25 则显示了在不同网络规模(VBSs 的数量不同)下，EADRA 算法相比于 LDA、FFD 和 SRA 的协议虚拟资源池的功耗减少比。当 VBS 数量增加到 200 时，EADRA 算法的功耗分别比 LDA、FFD 和 SRA 低 20%、36%和 59%，而当 VBS 的数量是 50 时，EADRA 算法的功耗分别比 LDA、FFD 和 SRA 低 14%、28%和 56%。这是因为 EADRA 算法可以选择整个 VBS 的任务或 VBS 的子任务来动态匹配到适当的计算资源单元以减少未占用的闲置计算资源，这样就可以充分利用计算资源的处理能力，并且可以避免一些空闲或未完全占用的计算资源的能耗浪费。另外，考虑实际系统实现中的计算复杂度，LDA 算法的复杂度 $O(S^M)$ 远高于 EADRA 算法（$O(MN\log MN)$），当网络规模很大时，LDA 算法的时间复杂度将很大，在工程实现中是不现实的。

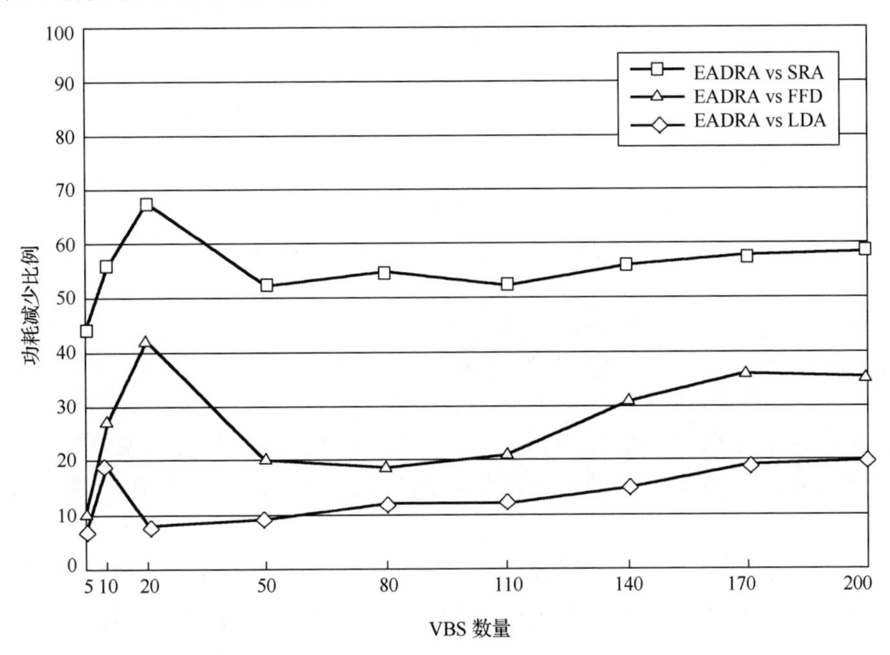


图 4.25　功耗减少比例与 VBS 数量的关系图

图 4.26 显示了针对不同数量的子任务，利用 EADRA 算法分配资源时，协议资源池的功耗。可以看到，针对所有不同数量的 VBS，总功耗都随着子任务数量的增加而减少，这是因为 EADRA 算法分配资源时，子任务的数量越大，单个子任务需要的计算资源就越少，就可以充分使用更多剩余资源较少的计算资源单元(处理器核)。这样，处理器核的利用率将更高，并且分配的总处理器核数量将更少。但是，需要说明的，在实际 LTE 系统的协议栈工程实践中，还应该综合考虑协议处理单元功能的处理机制和特性来合理设置子任务的数量。

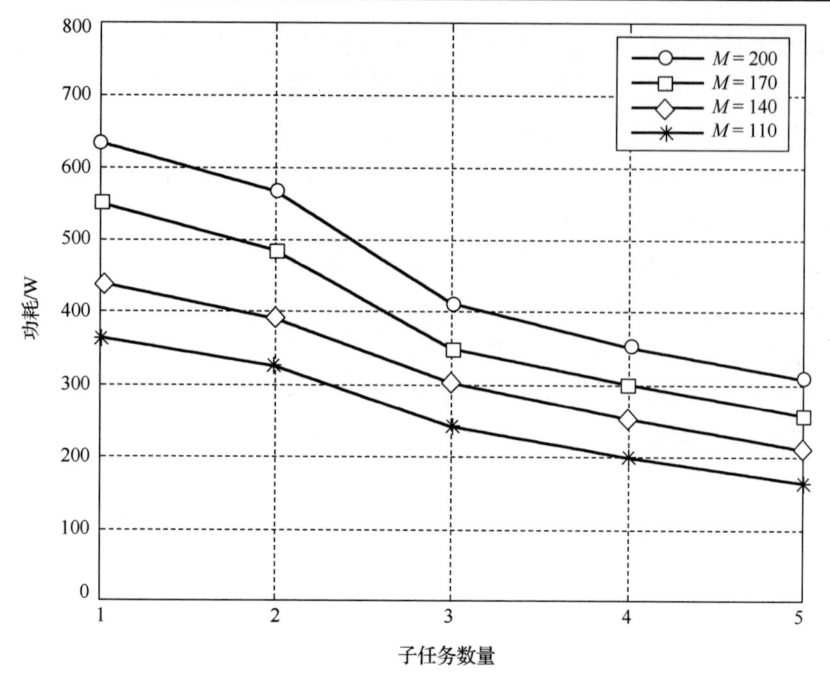


图 4.26　功耗与子任务数量的关系图

## 4.4　小　　结

本章介绍了无线网络资源虚拟化领域主要研究方向和最新研究现状，重点包括虚拟资源统计复用增益分析、虚拟资源管理调度机制以及虚拟资源动态分配算法。

本章提出了一种基于时空联合流量分布的虚拟资源的统计复用增益的计算方法，基于目前已有研究的两种代表性空间流量分布模型，推导出虚拟资源统计复用增益的近似闭合表达式，分析了服务阈值比例、小区流量均值、典型空间流量分布的参数对虚拟资源统计复用增益的影响。同时，通过蜂窝网络时-空联合的流量仿真分析，验证了理论推导及分析的正确性。进而，基于集中式接入网架构，在分析了协议处理过程中数据流和协议栈的功能特性的基础上，提出一种集中式接入网协议池虚拟资源管理调度机制，设计了相应的协议池虚拟资源管理调度框架，为协议池虚拟资源动态分配算法的设计和实现奠定了基础。然后，在充分考虑虚拟资源粒度大小对资源利用率和能耗的影响的前提下，选择合适的虚拟资源粒度进行动态资源分配与调度，在保证满足网络业务负载需求和服务质量的前提下，设计资源利用率高、能耗低的协议虚拟资源分配算法，提出了一种基于能耗感知的动态资源分配算法 EADRA。通过使用所提出的 EADRA 算法来降低协议虚拟资源池的总功耗。

## 参 考 文 献


[1] China Mobile Research Institute. Toward 5G C-RAN: requirements, architecture and challenges. https://labs.chinamobile.com/cran, 2016.

[2] 3GPP TR 38.801. Study on new radio access technology: radio access architecture and interfaces. 2017.

[3] Al-Obaidi R, Checko A, Holm H, et al. Optimizing Cloud-RAN deployments in real-life scenarios using microwave radio//European Conference on Networks and Communications, Paris, 2015.

[4] Namba S, Matsunaka T, Warabino T, et al. Colony-RAN architecture for future cellular network//Future Network Mobile Summit, Berlin, 2012.

[5] Astal O, Mohammed P, Hudrouss A, et al. An adaptive transmission protocol for exploiting diversity and multiplexing gains in wireless relaying networks. EURASIP Journal on Wireless Communications and Networking, 2015(1).

[6] Bluemm C, Zhang Y, Alvarez P, et al. Dynamic energy savings in Cloud-RAN: an experimental assessment and implementation//IEEE International Conference on Communications Workshops, Paris, 2017.

[7] PRI Cooperation. CPRI specification V7.0, interface specification. www.cpri.info/spec.html, 2016.

[8] Bhaumik S, Chandrabose S P, Jataprolu M K, et al. CloudIQ: a framework for processing base stations in a data center//Proceedings of the 18th Annual International Conference on Mobile Computing and Networking, Istanbul, 2012.

[9] Liu J, Zhou S, Gong J, et al. On the statistical multiplexing gain of virtual base station pools//IEEE Global Communications Conference, Austin, 2014.

[10] Liu J, Zhou S, Gong J, et al. Statistical multiplexing gain analysis of heterogeneous virtual base station pools in cloud radio access networks. IEEE Transactions on Wireless Communications, 2016, 15(8): 5681-5694.

[11] Wang L, Zhou S. On the fronthaul statistical multiplexing gain. IEEE Communications Letters, 2017, 21(5):1099-1102.

[12] Wang S, Zhang X, Zhang J, et al. An approach for spatial-temporal traffic modeling in mobile cellular networks//Proceedings of the 27th International Teletraffic Conference, Ghent, 2015.

[13] Lee D, Zhou S, Niu Z. Spatial modeling of scalable spatially-correlated log-normal distributed traffic inhomogeneity and energy-efficient network planning//IEEE Wireless Communications and Networking Conference, Shanghai, 2014.

[14] Lee D, Zhou S, Zhong X, et al. Spatial modeling of the traffic density in cellular networks. IEEE Wireless Communications, 2014, 21(1): 80-88.

[15] Li M, Zhao Z, Zhou Y, et al. On the dependence between base stations deployment and traffic spatial distribution in cellular networks//IEEE International Conference on Telecommunications, Thessaloniki, 2016.

[16] Paul U, Subramanian A P, Buddhikot M M, et al. Understanding traffic dynamics in cellular data networks//Proceedings of IEEE INFOCOM, Shanghai, 2011.

[17] Zhang Z, Tian L, Zhou Y, et al. Energy efficient dynamic computing resource allocation in centralized radio access networks//IEEE International Conference on Communications, Kansas, 2018.

[18] Winitzki S. A handy approximation for the error function and its inverse. http://homepages.physik.uni-muenchen.de/Winitzki/erfapprox.pdf, 2017.

[19] Wikipedia. Stable distribution. https://en.wikipedia.org/wiki/Stable_distribution, 2019.

[20] Ge X, Zhu G, Zhu Y. On the testing for alpha-stable distributions of network traffic. Journal of Electronics (China), 2003, 20(4): 309-312.

[21] Li R, Zhao Z, Zheng J, Mei C, et al. The learning and prediction of application-level traffic data in cellular networks. IEEE Transactions on Wireless Communications, 2016, 16(6): 3899-3912.

[22] Gallardo J R, Makrakis D, Orozco-Barbosa L. Use of alpha-stable self-similar stochastic processes for modeling traffic in broadband networks//Proceedings of SPIE Conference, Boston, 1998.

[23] Marojevic I G. A computing resource management framework for software-defined radios. IEEE Transactions on Computers, 2008, 57(10): 1399-1412.

[24] Lin Y, Shao L, Zhu Z, et al. Wireless network cloud: architecture and system requirements. IBM Journal of Research and Development, 2010, 54(1): 184-187.

[25] Zhu Z, Wang Q, Lin Y. Virtual base station pool: towards a wireless network cloud for radio access networks//ACM International Conference on Computing Frontiers, Ischia, 2011: 1-10.

[26] Zhang H, Ji H, Li X, et al. Energy efficient resource allocation over Cloud-RAN based heterogeneous network//IEEE International Conference on Cloud Computing Technology and Science, Vancouver, 2015.

[27] Zhai G, Tian L, Zhou Y, et al. Load diversity based optimal processing resource allocation

for super base stations in centralized radio access networks. Science China Information Sciences, 2014, 57(4): 1-12.

[28] Qian M, Wang Y, Zhou Y, et al. A super base station based centralized network architecture for 5G mobile communication systems. Digital Communications and Networks, 2015, 1: 152-159.

[29] 3GPP TS 38.324. Technical specification group radio access network, evolved universal terrestrial radio access(E-UTRA), packet data convergence protocol (PDCP) specification. 2017.

[30] 3GPP TS 38.322. Technical specification group radio access network, evolved universal terrestrial radio access(E-UTRA), radio link control (RLC) protocol specification. 2017.

[31] 3GPP TS 38.321. Technical specification group radio access network, evolved universal terrestrial radio access(E-UTRA), medium access control (MAC) protocol specification. 2017.

[32] Kim N S, Austin T, Baauw D, et al. Leakage current: Moore's law meets static power. Computer Science Technical Report, 2003, 36(12): 68-75.

[33] Auer G, Giannini V, Desset C, et al. How much energy is needed to run a wireless network? IEEE Wireless Communications, 2011, 18: 40-49.

[34] Szczesny D, Showk A, Hessel S. Performance analysis of LTE protocol processing on an ARM based mobile platform//The 7th IEEE/IFIP International Conference on Embedded and Ubiquitous Computing, Tampere, 2009.

[35] User Guide of AM4140. Single mid-size AMC module based on the freescale QorIQ P4080/P4040 multicore processors. 2018.

[36] Ferreira D N G. Rectangular bin-packing problem: a computational evaluation of 4 heuristics algorithms. University of Porto Journal of Engineering, 2015, 1: 35-49.

# 第 5 章　5G 网络中的软件定义与虚拟化

移动通信技术已经深刻地改变了人们的生活，但人们从未停止对更高性能的移动通信网络的追求。为了应对未来爆炸性的移动数据流量增长、海量的智能设备连接、不断涌现的各类新业务和应用场景，5G 网络应运而生。面向多样化的高性能通信需求，引入 5G 网络功能的软件定义技术、突破 5G 网络的虚拟化平台、研究 5G 网络的资源虚拟化技术，通过灵活编排的软件化模块、承载软件功能的资源可按需调配的虚拟化平台、实现处理资源高效灵活使用的资源虚拟化技术，5G 将为用户提供定制化服务，同时将为网络提升能效和降低比特成本[1]。

## 5.1　5G 网络的业务需求

5G 典型场景涉及未来人们居住、工作、休闲和交通等各种区域，特别是密集住宅区、办公室、体育场、露天集会、地铁、快速路、高铁和广域覆盖等场景。这些场景具有超高流量密度、超高连接数密度、超高移动性等特征，给 5G 系统带来了巨大挑战。在这些场景中，考虑增强现实、虚拟现实、超高清视频、云存储、车联网、智能家居等 5G 典型业务，并结合各场景未来可能的用户分布、各类业务占比及对速率、时延等的要求，可以得到各个应用场景下的 5G 性能需求。5G 关键性能指标主要包括用户体验速率、连接数密度、端到端时延、流量密度、移动性和用户峰值速率，如表 5.1 所示[1]。

表 5.1　5G 关键性能指标

| 名称 | 定义 |
| --- | --- |
| 用户体验速率/(bit/s) | 真实网络环境下用户可获得的最低传输速率 |
| 连接数密度/(/km$^2$) | 单位面积上支持的在线设备总和 |
| 端到端时延/ms | 数据包从源节点开始传输到被目的节点正确接收的时间 |
| 移动性/(km/h) | 满足一定性能要求时，收发双方间的最大相对移动速度 |
| 流量密度/((bit/s)/km$^2$) | 单位面积区域的总流量 |
| 用户峰值速率/(bit/s) | 单用户可获得的最高传输速率 |

对比现有网络，5G 网络在满足场景的极致性能指标要求方面面临全面挑战，如图 5.1 所示。

(1) 为了满足移动互联网用户极致的视频及增强现实等业务体验需要，5G 系统提出了随时随地提供 100Mbit/s～1Gbit/s 的体验速率的指标要求，甚至在 500km/h 的高速运动过程中，也要求具备基本服务能力和必要的业务连续性。

(2) 为了支持移动互联网和物联网场景设备高效接入的要求，面向海量机器类 5G 系统需同时满足 T(bit/s)/km$^2$ 的流量密度和百万/km$^2$ 的连接密度要求，而现有网络的流量中心汇聚和单一控制机制在高吞吐量和大连接场景下容易导致流量过载和信令拥塞。

(3) 为了支持自动驾驶和工业控制等强实时性要求的业务，通信 5G 系统需要在高可靠性前提下，满足端到端毫秒级的极低时延要求。现网中，端到端时延和业务中断时间都在百毫秒量级，与 5G 时延要求存在两个数量级的差距，这将难以满足特定业务的可靠性和安全性要求。

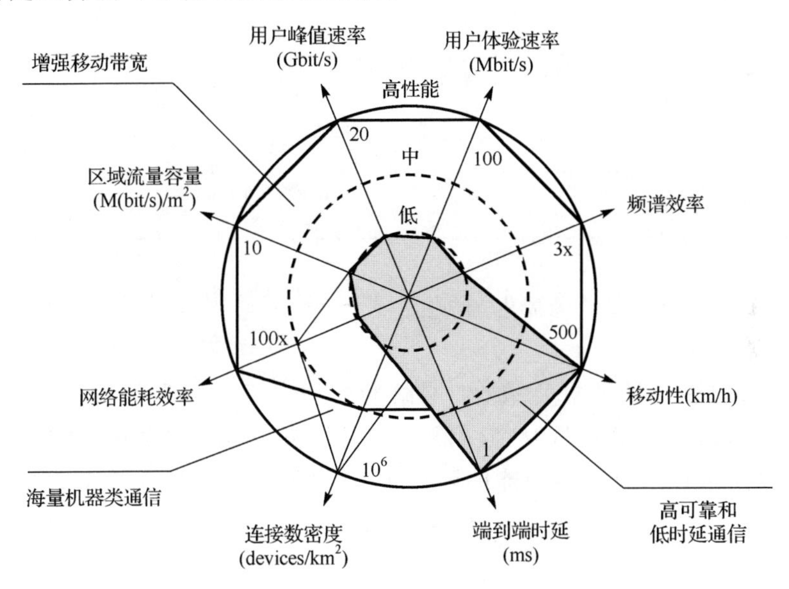


图 5.1　5G 网络性能挑战

结合 5G 的典型业务特征与 5G 面临的极致指标挑战，5G 的应用场景总结为以下四类，如表 5.2 所示[2,3]。

(1) 连续广域覆盖：对用户来说，要求体验速率达到 100Mbit/s。因此 5G 的覆盖不再局限于目前小区的概念，而是多种接入模式的融合，通过智能的调度，为用户提供更快的体验速率。

(2) 热点高容量：在用户的集中区域，如大型演唱会、车站等人口密度大、流量密度高的区域，5G 要利用动态的资源调度，满足体验速率 1～10Gbit/s 和流量密度 10Tbit/km$^2$ 的网络要求。

(3)低时延、高可靠：在未来的自动驾驶和工业控制领域，对时延和可靠性的要求是非常严苛的，5G 必须满足未来端到端毫秒级的延迟和可靠性接近 100%的网络要求。

(4)低功耗、大连接：万物互联将是下一代信息技术革命的目标，未来智慧城市、环境监测、森林防火等应用场景以传感和数据采集为目标，具有小数据包、低功耗、海量连接等特点。这类终端分布范围广、数量众多，不仅对连接数密度有很高的要求，而且还要保证终端的超低功耗和超低成本。

**表 5.2　5G 典型应用场景**

| 场景 | 关键挑战 |
| --- | --- |
| 连续广域覆盖 | 100Mbit/s 用户体验速率 |
| 热点高容量 | 用户体验速率：1Gbit/s<br>峰值速率：数十 Gbit/s<br>流量密度：数十 T(bit/s)/km$^2$ |
| 低时延、高可靠 | 空口时延：1ms<br>端到端时延：毫秒量级<br>可靠性：接近 100% |
| 低功耗、大连接 | 连接数密度：10$^6$/km$^2$<br>超低功耗，超低成本 |

## 5.2　5G 网络功能的软件定义方案

多样化的 5G 业务需求要求 5G 网络功能的灵活定制和部署。5G 网络从接入网和核心网两个方面开展功能的软件定义。5G 网络利用软件定义技术实现软硬件解耦，设计 5G 网络功能的软件定义时重点考虑逻辑功能的模块化以及不同功能之间的信息交互过程，以支持灵活定义及构建统一的端到端网络逻辑架构。

国内外运营商、设备商、研究机构提出了 5G 网络架构设想，在 3GPP 标准化会议中展开热烈的讨论并形成共识。在 3GPP 标准中已经确定 5G 网络架构方案，通过引入软件定义功能、资源和功能虚拟化设计实现网络功能的灵活定制和组合[4]。如图 5.2 所示，5G 接入网(Next Generation Radio Access Network，NG-RAN)通过控制与数据功能分离，对于无线资源实现了集中控制和协作，对于无线数据实现了分布式处理与分发[4]。图 5.3 展示了各网络功能间标准接口。

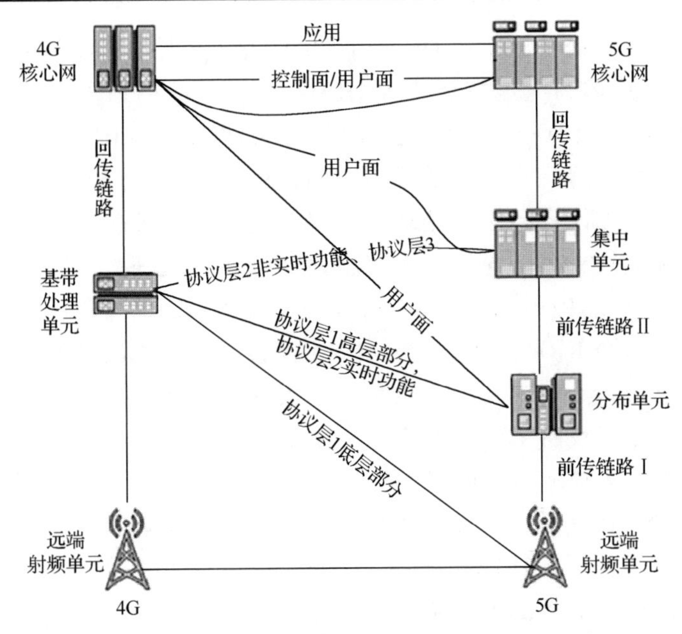


图 5.2　4G 网络架构方案向 5G 网络架构演进示意图

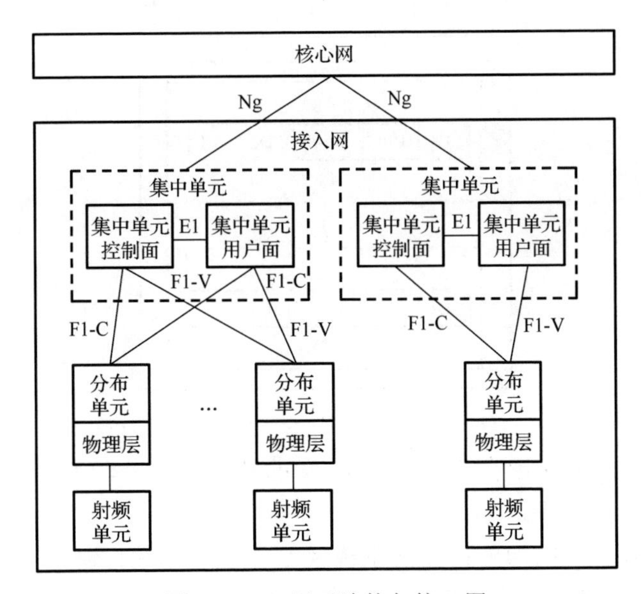


图 5.3　5G 网元连接与接口图

### 5.2.1　5G 接入网功能的软件定义方案

与 4G 接入网架构方案对比，5G 接入网(RAN)架构方案基于集中/分布单元的两级架构也已经被业界所认可，构成了 5G 接入网的两个基本要素，如图 5.4 所示。

以处理内容的实时性区分 CU 和 DU 功能[6]：CU 设备主要包含非实时性的无线高层协议栈功能，具体为无线资源控制(RRC)、服务数据适配协议(Service Data Adaption Protocol，SDAP)、分组数据汇聚协议(PDCP)、E1①，同时也支持部分核心网功能下沉和边缘应用业务的部署，通过 Ng②接口与核心网相连，通过 F1③接口与 DU 相连；而 DU 设备主要处理物理层功能和有实时性需要的层 2 功能，具体为无线链路控制(RLC)、媒体接入控制(MAC)，通过 F1 接口与 CU 相连。考虑节省射频拉远单元(Remote Radio Unit，RRU)和 DU 之间的传输资源，部分物理层功能也可下移至 RRU 实现。从具体的实现方案上，CU 设备采用通用平台实现，这样不仅可支持无线网功能，也具备了支持核心网功能和边缘应用的能力，DU 设备可采用专用设备平台或通用加专用混合平台实现，支持高密度数学运算能力。引入软件定义网络与虚拟化框架后，在 MANO 的统一管理和编排下，配合网络 SDN 控制器和传统的操作维护中心(Operating and Maintenance Center，OMC)功能组件，可实现包括 CU/DU 在内的端到端灵活资源编排能力和配置能力，满足运营商快速的按需业务部署需求。

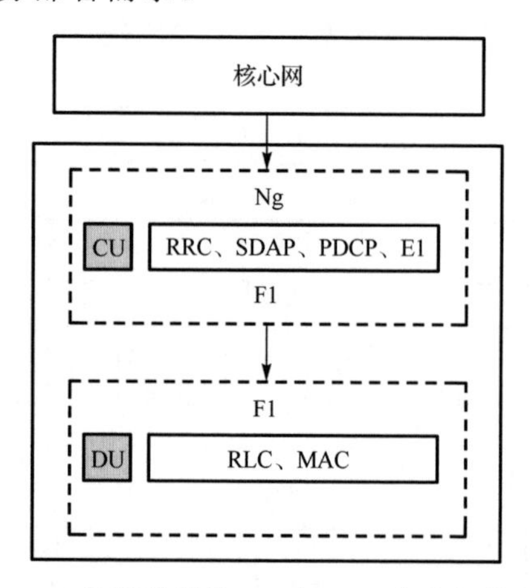


图 5.4 5G 协议栈软件 CU 与 DU 分离架构示意图

在 3GPP RAN3#92 次会议将 NG-RAN 的基站节点命名为 gNB，gNB 承载以下功能[6]。

(1)无线资源管理的功能：无线承载控制，无线接纳控制，连接移动性控制，在上行链路和下行链路中向 UE 的动态资源分配。

(2)IP 报头压缩，加密和数据完整性保护。

---

① E1 接口为 3GPP 中规定的 5G 网络 CU 内部的接口。

② Ng 接口为 3GPP 中规定的 5G 网络核心网与接入网之间的接口。

③ F1 接口为 3GPP 中规定的 5G 网 CU 与 DU 之间的接口。

(3) 当不能从 UE 提供的信息确定到 AMF 的路由时，在 UE 附着处选择 AMF。

(4) 用户面数据向 UPF 的路由。

(5) 控制面信息向 AMF 的路由。

(6) 连接设置和释放。

(7) 调度和传输寻呼消息。

(8) 调度和传输系统广播信息(源自 AMF 或 O&M)。

(9) 用于移动性和调度的测量和测量报告配置。

(10) 上行链路中的传输级别数据包标记。

(11) 会话管理。

(12) 支持网络切片。

(13) QoS 流量管理和映射到数据无线承载。

(14) 支持处于 RRC_INACTIVE 状态的 UE。

(15) NAS 消息的分发功能。

(16) 无线接入网共享。

(17) 双连接。

(18) NR 和 E-UTRAN 之间的紧密互通。

gNB 的 CU 单元分离成 CU 控制面(CU-Control Plane，CU-CP)和 CU 用户面(CU-User Plane，CU-UP)两部分[6]，相关架构如图 5.5 所示。gNB 可以包括 CU-CP、多个 CU-UP 和多个 DU。CU-CP 通过 F1-C①接口或连接到 DU，CU-UP 通过 F1-U 接口②连接到 DU，CU-UP 通过 E1 接口连接到 CU-CP；一个 DU 仅连接到一个 CU-CP，一个 CU-UP 仅连接到一个 CU-CP。为了弹性规划，DU 与 CU-UP 的连接关系不唯一。一个 DU 可以在同一 CU-CP 的控制下连接到多个 CU-UP，一个 CU-UP 可以在同一 CU-CP 的控制下连接到多个 DU。

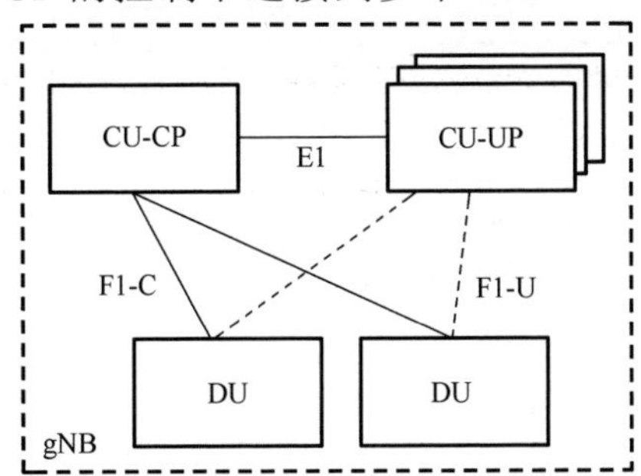


图 5.5　gNB 的 CU 分离以及 CU 和 DU 连接实现架构

① F1-C 为 3GPP 中规定的 5G 网络 CU-CP 与 DU 之间的接口。

② F1-U 为 3GPP 中规定的 5G 网络 CU-UP 与 DU 之间的接口。

5G 协议栈软件架构具有很强的扩展性，如图 5.6 所示，支持无线接入网系统的扩展，所提供协议栈软件产品支持 CU 与 DU 的分离。5G 协议栈软件模块包括 Ng 服务接入点(Ng Service Access Point，Ng-SAP)模块、RRC 模块、PDCP 控制(PDCP-Control，PDCP-C)模块、无线资源管理(Radio Resource Management，RRM)模块、E1 服务接入点(E1 Service Access Point，E1-SAP)模块、SDAP 模块、PDCP 用户(PDCP-User，PDCP-U)模块、CU F1 服务接入点(CU F1 Service Access Point，CU-F1-SAP)模块、DU F1 服务接入点(DU F1 Service Access Point，DU-F1-SAP)模块、DU 控制面(DU-Control Plane，DU-CP)模块、RLC 模块、MAC 模块和物理层(PHY)模块。下面介绍各模块的功能与相互关系。

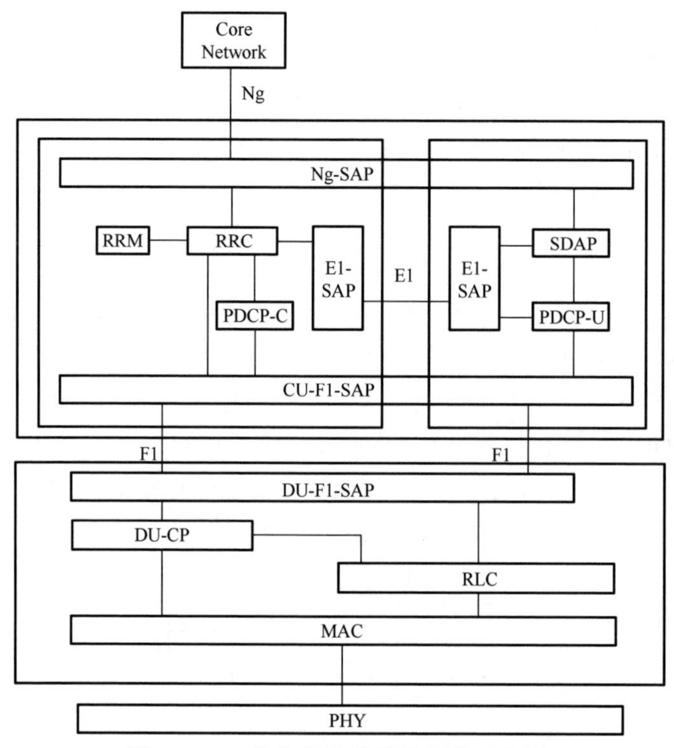

图 5.6　5G 协议栈软件模块划分示意图

1. RRC 模块

1) RRC 与 CU-F1-SAP 的关系

RRC 与 CU-F1-SAP 共同完成 F1 连接的建立、UE 初始接入处理等；CU-F1-SAP 与 RRC 间直接传输的消息有 F1 SETUP REQUEST、F1 SETUP RESPONSE、RRC Connect Request、RRC Connect Setup。

2) RRC 与 PDCP-C 的关系

上下行链路中，PDCP 为 RRC 模块完成 PDCP 协议数据单元(PDU)的解封装与封装，与 CU-F1-SAP 共同完成信令数据在 DU 与 CU-C 间的传递。

3) RRC 与 RRM 的关系

RRM 模块为 RRC 提供 UE 空口资源配置，UE 接纳管理等。

4) RRC 与 CU-E1-SAP 的关系

RRC 参与 CU-UP 的 E1 接口配置流程。通过该接口配置 UE 的数据承载、信令承载以及速率参数。

5) RRC 与 Ng-SAP 模块的关系

RRC 通过该接口与 5G 核心网交互，目前主要涉及 UE 初始建链相关信令。

2. SDAP 模块

1) 与 RRC 的关系(E1-SAP)

通过 RRC 的控制，来实现 SDAP 实体的建立、更新和删除。

2) 与 PDCP 层的关系

将 PDCP 层发送来的数据包去除 SDAP 头，恢复出 SDAP 的服务数据单元(SDU)，发送给上层；将上层的数据包构造成 SDAP 数据包发给 PDCP 层。

3) 与通道协议的关系

这里的通道协议是指 Ng 用户面(Ng User Plane，Ng-U)接口的通道协议，接收来自核心网的用户数据并传递给 PDCP 层，恢复下层数据并发送给核心网。

3. PDCP 模块

1) PDCP-C 与 RRC 模块的关系

(1) 提供给 RRC 的接口。

① 创建、重建立、删除 PDCP-C 实体。

② 配置安全模块参数。

③ 接收下行 RRC 消息。

④ 丢弃指定 SRB 的 PDCP SDU。

(2) 需要 RRC 提供的接口。

① PDCP 在收到 RRC 消息的时候，将其上传给 RRC 层的接口。

② 为 RRC 报告错误的接口[7]。

2) PDCP-C 与 F1-C 模块的关系

(1) 提供给 F1-C 的接口。

PDCP 接收来自 F1-C 的信令的接口。

(2) 需要 F1-C 提供的接口。

F1-C 接收来自 PDCP 发送的信令的接口。

3) PDCP-U 与 E1 模块的关系

(1) 提供给 E1 的接口。

① 创建、重建立、删除 PDCP-U 实体的接口。

② 配置安全模块参数的接口。

③ 触发指定数据无线承载的 PDCP 实体执行数据恢复。

④ 查询指定数据无线承载的 PDCP 上下行 Count 信息。

⑤ 接收指定数据无线承载的 PDCP 上下行 Count 信息。

(2) 需要 E1 提供的接口。

① 为 E1 报告错误的接口[8]。

② 接收指定数据无线承载的 PDCP 上下行 Count 信息。

4) PDCP-U 与 SDAP 模块的关系

(1) 提供给 SDAP 的接口。

在下行发送过程中，PDCP 接收 SDAP PDU 数据的接口。

(2) 需要 SDAP 提供的接口：

① 在上行接收过程中，SDAP 接收 PDCP SDU 数据的接口。

② 查找 SDAP 实体的接口。

5) PDCP-U 与通道协议模块的关系

(1) 提供给通道协议模块的接口。

① 上行过程中，PDCP 接收子模块发送的用户数据的接口。

② 下行过程中，PDCP 接收子模块发送的用户数据的接口。

(2) 需要通道协议模块提供的接口。

① 上行过程中，接收 PDCP 发送到子模块的用户数据的接口。

② 下行过程中，接收 PDCP 发送到子模块的用户数据的接口。

6) PDCP-U 与 F1-U 模块的关系

(1) 提供给 F1-U 的接口。

RLC AM 的传输模式下，接收 F1-U 发送的关于 PDCP PDU 成功发送的指示。

(2) 需要 F1-U 提供的接口。

接收来自 PDCP-U 发送的 PDCP PDU 丢弃指示。

### 4. RLC 模块

1) 与 RRC 模块关系

RLC 层的透明模式、非确认模式、确认模式三种传输模式实体的创建、释放、重建立以及重配置需要由 RRC 发起和提供参数，这部分由 RLC 子系统提供接口给 RRC 子系统调用。除了控制命令之外，RRC 层子系统在创建 PDCP 实体之前只能直接通过 RLC 子系统的透明模式实体发送和接收数据，所以 RLC 子系统提供一个发送接口供 RRC 层调用缓存在 RRC 这部分信令，而 RRC 层也需要提供一个接收接口给 RLC 子系统以处理从 MAC 接收到的这部分信令。

2) 与 PDCP 模块关系

RLC 层的 UM 传输模式和 AM 传输模式都是给 PDCP 层提供服务的。RLC 与 PDCP 层之间的交互主要为 RLC SDU 的传递，SDU 是否成功发送的指示，以及 PDCP 删除 RLC SDU 的指示等。

3) 与 MAC 模块关系

所有在 RLC 层缓存的数据都需要经过 MAC 的调度之后发送到对端。对端的数据也需要经过 MAC 进行异常包检测和解包后递交给 RLC 层。

### 5. MAC 模块

1) 与 RRC 模块关系

通过 RRC 对 MAC 的配置，来实现 MAC 子系统的初始化、参数配置及重配置。

2) 与 RLC 模块关系

数据发送时从 RLC 层取出相应逻辑信道的下行数据；在数据接收时，将上行数据解复用，上传到相应的逻辑信道中。

3) 与 PHY 模块关系

接收 MAC PDU 或相关消息；发送 MAC PDU 或相关消息；接收定时消息。

### 6. 标准接口

1) Ng 接口

CU 和 AMF 通过基于流控制传输协议(Stream Control Transmission Protocol，SCTP)的套接字方式实现两者连接和通信。CU 和 AMF 间可支持一个或者多个 SCTP 关联。

当使用多个 SCTP 关联时，AMF 可以请求动态添加或删除 SCTP 关联。

Ng-RAN node①负责发起 SCTP 关联建立，SCTP 目的端口号为 38412；两个 SCTP 终端节点间可使用一个或多个关联。

SCTP 关联应满足下列要求。

(1) 应预留一对流标识，单独用于非 UE 相关信令的 NGAP 基本流程。

(2) 至少预留一对流标识，单独用于 UE 相关信令的 NGAP 基本流程。

(3) 一个 UE 相关信令应使用一个 SCTP 关联和一个 SCTP 流，并且在 UE 相关信令的通信期间保持不变。

传输层冗余性可以通过 SCTP 多宿主机制实现，这需要为其中的一个或两个 SCTP 端点均分配多个 IP 地址。SCTP 终端节点应支持一个多宿主的远端 SCTP 端点。

2) E1 接口

CU-CP 和 CU-UP 通过基于 SCTP 协议的套接字方式实现两者连接和通信。CU-CP 和 CU-UP 间可支持一个或者多个 SCTP 关联。当使用多个 SCTP 关联时，CU-CP 可以请求动态添加或删除 SCTP 关联。

CU-UP 或 CU-CP 均可以发起第一个 SCTP 关联建立，但其余 SCTP 关联建立需 CU-UP 发起建立。

SCTP 目的端口号为 38462；两个 SCTP 终端节点间可使用一个或多个关联。

SCTP 关联应满足下列要求。

(1) 应预留一对流标识，单独用于非 UE 相关信令使用 E1 口应用协议基本流程。

(2) 至少预留一对流标识，单独用于 UE 相关信令使用的 E1 口应用协议基本流程。

(3) 一个 UE 相关信令 DU 应使用一个 SCTP 关联和一个 SCTP 流，并且在 UE 相关信令的通信期间保持不变。

传输层冗余性可以通过 SCTP 多宿主机制实现，这需要为其中的一个或两个 SCTP 端点均分配多个 IP 地址。SCTP 终端节点应支持一个多宿主的远端 SCTP 端点。

3) F1 接口

CU 和 DU 通过基于 SCTP 协议的套接字方式实现两者连接和通信。CU 和 DU 间可支持一个或者多个 SCTP 关联。当使用多个 SCTP 关联时，CU 可以请求动态

① 在参考文献[5]中定义。

添加或删除 SCTP 关联。DU 负责发起 SCTP 关联建立，SCTP 目的端口号为 38472[9]。两个 SCTP 终端节点间可使用一个或多个关联。

在一对 CU 和 DU 之间建立的 SCTP 关联，应满足下列要求。

(1) 应预留一对流标识，单独用于非 UE 相关信令使用的 F1 口应用协议基本流程。

(2) 至少预留一对流标识，单独用于 UE 相关信令使用的 F1AP 基本流程。

(3) 一个 UE 相关信令 DU 应使用一个 SCTP 关联和一个 SCTP 流，并且在 UE 相关信令的通信期间保持不变。

传输层冗余性可以通过 SCTP 多宿主机制实现，这需要为其中的一个或两个 SCTP 端点均分配多个 IP 地址。SCTP 终端节点应支持一个多宿主的远端 SCTP 端点。CU 和 DU 可以在任意时刻为一个已被建立 SCTP 关联发送 INIT，以实现 SCTP 端点冗余性。

### 5.2.2　5G 核心网功能的软件定义方案

将 5G 核心网功能细化成模块如图 5.7 所示，5G 系统架构由以下网络功能(NF)组成：认证服务器功能(AUSF)、接入和移动管理功能(AMF)、网络开放功能(NEF)、网络存储库功能(NRF)、控制策略功能(PCF)、会话管理功能(SMF)、统一数据管理(UDM)、用户平面功能(UPF)、应用功能(Application Function，AF)、用户设备(UE)、无线接入网络(RAN)[10]。引入软件定义网络与虚拟化框架后，在管理编排器 MANO 的统一管理和编排下，配合网络 SDN 控制器和传统的 OMC 功能组件，可实现软件定义的核心网络功能编排能力和配置能力，满足运营商快速的按需业务部署需求。

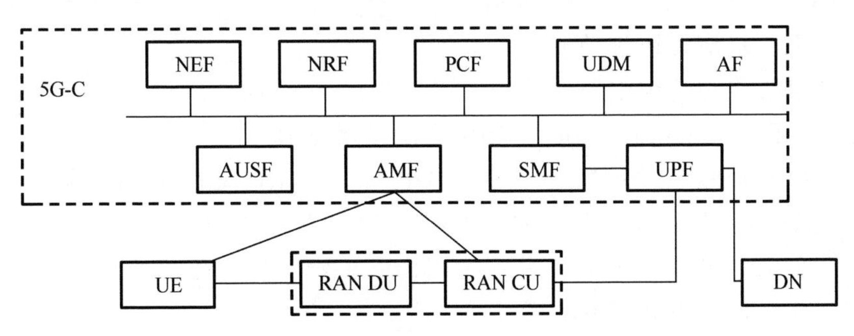


图 5.7　5G 核心网功能组成与系统架构

5G 核心网模块功能的具体介绍如下。

(1) AUSF 主要功能。

支持 3GPP 接入和不受信任的非 3GPP 接入的认证。

(2) AMF 主要功能。

① 终止 RAN CP 接口。

② 终止非接入层(Non-Access Stratum，NAS)，NAS 加密和完整性保护。

③ 注册管理。

④ 连接管理。

⑤ 可达性管理。

⑥ 流动性管理。

⑦ 合法拦截。

⑧ 传输用户终端(UE)和 SMF 之间的会话管理消息。

⑨ 用于路由 SM 消息的透明代理。

⑩ 接入身份验证。

⑪ 接入授权。

⑫ 安全锚功能。

⑬ 监管服务的定位服务管理。

⑭ 为 UE 和位置管理功能之间以及接入网和位置管理功能之间的位置服务消息提供传输。

⑮ 用于与演进的分组系统互通的承载身份指示号分配。

⑯ UE 移动事件通知。

(3) SMF 主要功能。

① 会话管理，例如会话建立，修改和释放，包括 UPF 和接入网节点之间的通道维护。

② UE IP 地址分配和管理(包括可选的授权)。

③ 动态主机配置协议功能。

④ 通过提供与请求中发送的 IP 地址相对应的 MAC 地址来响应地址解析协议(Address Resolution Protocol，ARP)或 IPv6 邻居请求。

⑤ 选择和控制 UP 功能，包括控制 UPF 代理 ARP 或 IPv6 邻居发现，或将所有 ARP 或 IPv6 邻居请求流量转发到 SMF，用于以太网 PDU 会话。

⑥ 配置 UPF 的流量控制，将流量路由到正确的目的地。

⑦ 终止接口到策略控制功能。

⑧ 合法拦截。

⑨ 收费数据收集和支持计费接口。

⑩ 控制和协调 UPF 的收费数据收集。

⑪ 终止 SM 消息的 SM 部分。

⑫ 下行数据通知。

⑬ 接入网特定 SM 信息的发起者，通过 AMF 发送到 AN。

⑭ 确定会话的服务连续模式(Session and Service Continuity，SSC)。

⑮ 漫游功能。

(a) 处理本地实施以 QoS 服务等级协议(SLA)。

(b) 计费数据收集和计费接口。

(c) 合法拦截。

(d) 支持与外部数据网络的交互，以便通过外部数据网络传输 PDU 会话授权/认证的信令。

(4) UPF 主要功能。

① 用于无线接入技术(Radio Access Technology，RAT)内或 RAT 间移动性的锚点。

② 外部 PDU 与数据网络互连的会话点。

③ 分组路由和转发。

④ 数据包检查。

⑤ 用户平面部分策略规则实施。

⑥ 合法拦截。

⑦ 流量使用报告。

⑧ 用户平面的 QoS 处理。

⑨ 上行链路流量验证。

⑩ 上行链路和下行链路中的传输级分组标记。

⑪ 下行数据包缓冲和下行数据通知触发。

⑫ 将一个或多个“结束标记”发送和转发到源接入网节点。

(5) PCF 主要功能。

① 支持统一的策略框架来管理网络行为。

② 为控制平面功能提供策略规则以强制执行它们。

③ 访问与统一数据存储库中的策略决策相关的用户信息。

(6) NEF 主要功能。

① 能力和事件的开放。

② 提供从外部应用程序到 3GPP 网络的安全信息。

③ 内部和外部信息的分析。

④ 网络开放功能，从其他网络接收信息。

(7) NRF 主要功能。

① 支持服务发现功能。

② 维护可用 NF 实例及其支持服务的 NF 配置文件。

(8) UDM 主要功能。

① 生成 3GPP 认证和密钥协商(Authentication and Key Agreement，AKA)身份验证凭据。

② 用户识别处理。

③ 支持隐私保护的用户标识符的隐藏。

④ 基于用户数据的接入授权(如漫游限制)。

⑤ UE 的服务网络功能注册管理，例如，为 UE 存储服务 AMF，为 UE 的 PDU 会话存储服务 SMF 等。

⑥ 支持服务/会话连续性。

⑦ 合法拦截功能。

⑧ 用户管理。

⑨ 短信管理。

(9) AF 主要功能。

① 应用流程对流量路由的影响。

② 访问网络开放功能。

③ 与控制策略框架互动。

④ 基于运营商部署，可以允许运营商信任的应用功能直接与相关网络功能交互。

(10) UDSF 主要功能。

任何 NF 都可以将信息存储和检索为非结构化数据。

(11) NSSF 主要功能。

① 选择为 UE 提供服务的网络切片实例集。

② 确定允许的网络切片选择辅助信息(Network Slice Selection Assistance Information，NSSAI)，并在必要时确定用户映射的单网络切片选择辅助信息(Single Network Slice Selection Assistance Information，S-NSSAI)。

③ 确定已配置的网络切片选择辅助信息，并在必要时确定用户映射的 S-NSSAI。

④ 确定 AMF 集用于服务 UE，或者基于配置确定候选 AMF 的列表。

## 5.3 5G 网络的虚拟化平台设计

5G 网络的虚拟化平台设计从功能设计、组网设计、架构方案三个方面展开介绍。功能设计重点考虑逻辑功能的平台承载、虚拟化平台的功能分层与交互。组网设计聚焦 5G 网络虚拟化平台的设备和网络部署的实现方案，以充分发挥基于软件定义技术的新型基础设施环境在组网灵活性和安全性方面的潜力[11]。架构方案介绍业界关于 5G 网络虚拟化平台的架构的思考，由于 5G 接入网虚拟化平台架构的革新性变化，将主要关注介绍 5G 接入网虚拟化平台架构方案。

### 5.3.1　5G 网络虚拟化平台的功能设计

5G 网络逻辑视图由三个功能平面构成：接入平面、控制平面和转发平面。接入平面引入多站点协作、多连接机制和多制式融合技术，构建更灵活的接入网拓扑；控制平面基于可重构的集中式网络控制功能，提供按需的接入、移动性和会话管理，支持精细化资源管控和全面能力开放；转发平面具备分布式的数据转发和处理功能，提供更动态的锚点设置，以及更丰富的业务链处理能力。在整体逻辑架构基础上，5G 网络采用模块化功能设计模式，并通过“功能组件”的组合，构建满足不同应用场景需求的专用逻辑网络。5G 网络以控制功能为核心，以网络接入和转发功能为基础资源，向上提供可编排的和网络开放的服务，为支持软件化 5G 网络功能，5G 网络虚拟化平台包含三层功能视图，如图 5.8 所示[11]。

管理编排层：由用户数据、管理编排和网络开放三部分功能组成。用户数据功能存储用户签约、业务策略和网络状态等信息。管理编排功能基于网络功能虚拟化技术，实现网络功能的按需编排和网络切片的按需创建。网络开放功能提供对网络信息的统一收集和封装，并通过 API 开放给第三方。

网络控制层：实现网络控制功能重构及模块化，主要的功能模块包括无线资源集中分配、多接入统一管控、移动性管理、会话管理、安全管理和流量疏导等。上述功能组件根据管理编排层的指示，在网络控制层中进行组合，实现对资源层的灵活调度。

网络资源层：包括接入侧功能和网络侧功能。接入侧包括中心单元(Centralized Unit，CU)和分布单元(Distributed Unit，DU)两级功能单元，CU 主要提供接入侧的业务汇聚功能；DU 主要为终端提供数据接入点，包含射频和部分信号处理功能。网络侧重点实现数据转发、流量优化和内容服务等功能。基于分布式锚点和灵活的转发路径设置，数据包被引导至相应的处理节点，实现高效转发和丰富的数据处理，如深度包检测、内容计费和流量压缩等。

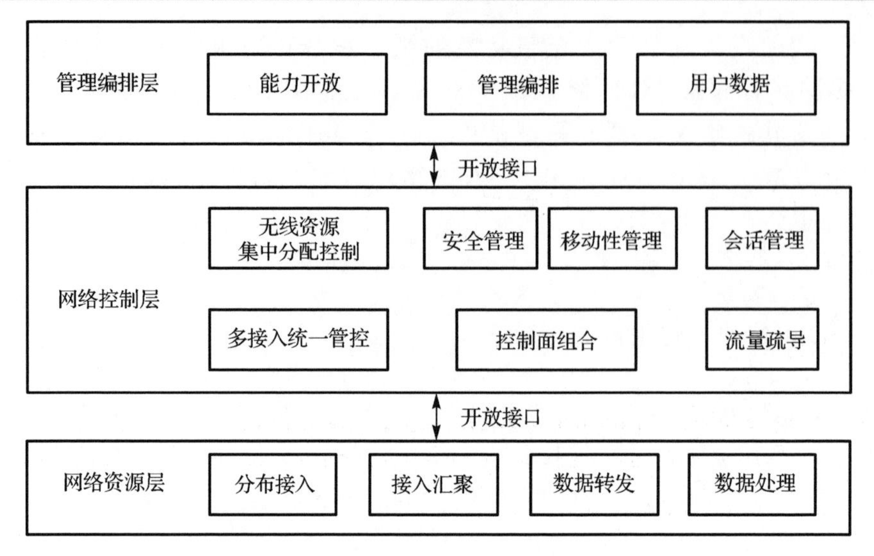


图 5.8　5G 网络虚拟化平台功能视图

### 5.3.2　5G 网络虚拟化平台的组网设计

5G 网络虚拟化平台基于通用硬件架构的数据中心构成，支持 5G 网络的高性能转发要求和电信级的管理要求，支持网络切片实例化，实现移动网络的定制化部署。5G 网络虚拟化平台视图如图 5.9 所示。5G 网络虚拟化平台支持虚拟化资源的动态配置和高效调度，在广域网层面，NFV 编排器可实现跨数据中心的功能部署和资源调度，SDN 控制器负责不同层级数据中心之间的广域互连。城域网以下可部署单个数据中心，中心内部使用统一的网络功能虚拟化基础设施(NFVI)层，实现软硬件解耦，利用 SDN 控制器实现数据中心内部的资源调度。

NFV/SDN 技术在接入网平台的应用是业界聚焦探索的重要方向。利用平台虚拟化技术，可以在同一基站平台上同时承载多个不同类型的无线接入方案，并能完成接入网逻辑实体的实时动态的功能迁移和资源伸缩。利用网络虚拟化技术，可以实现接入网内部各功能实体动态无缝连接，便于配置用户所需的接入网边缘业务模式。

另外，针对接入网侧加速器资源配置和虚拟化平台间高速大带宽信息交互能力的特殊要求，虚拟化管理与编排技术需要进行相应的扩展。SDN/NFV 技术融合将进一步提升 5G 组大网的能力：NFV 技术实现底层物理资源到虚拟化资源的映射，构造虚拟机，加载虚拟化网络功能；虚拟化系统实现对虚拟化基础设施平台的统一管理和资源的动态重配置；SDN 技术则实现虚拟机间的逻辑连接，构建承载信令和数据流的通路。最终实现接入网和核心网功能单元动态连接，配置端到端的业务链，实现灵活组网。

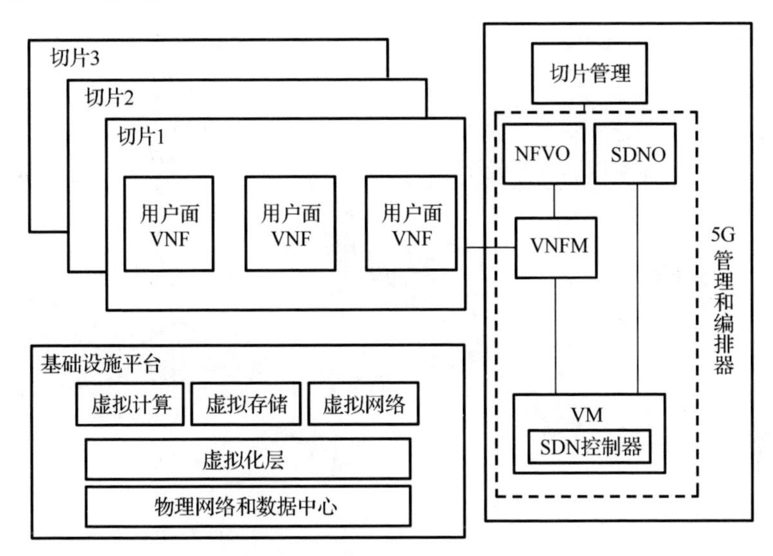


图 5.9 5G 网络虚拟化平台视图

如图 5.10 所示，一般来说，5G 组网可分为四个层次。

中心级：以控制、管理和调度职能为核心，例如，虚拟化功能编排、广域数据中心(Data Center，DC)互连和业务运营支撑系统(BSS&OSS)等，可按需部署于全国节点，实现网络总体的监控和维护。

汇聚级：主要包括控制面网络功能，例如，移动性管理、会话管理、用户数据和策略等。可按需部署于省份一级网络。

边缘级：主要功能包括数据面网关功能，重点承载业务数据流，可部署于地市一级。移动边缘计算功能、业务链功能和部分控制面网络功能也可以下沉到这一级。

接入级：包含无线接入网的 CU 和 DU 功能，CU 可部署在回传网络的接入层或者汇聚层；DU 部署在用户近端。CU 和 DU 间通过增强的低时延传输网络实现多点协作化功能，支持分离或一体化站点的灵活组网。

借助于模块化的功能设计和高效的 5G 网络虚拟化平台，在 5G 组网实现中，上述组网功能元素部署位置无须与实际地理位置严格绑定，而是可以根据每个运营商的网络规划、业务需求、流量优化、用户体验和传输成本等因素综合考虑，对不同层级的功能加以灵活整合，实现多数据中心和跨地理区域的功能部署。

5G 核心网部署可采用“中心-边缘”两级数据中心的组网方案。在实际部署中，不同运营商可根据自身网络基础、数据中心规划等因素灵活分解为多层次分布式组网形态[11]。

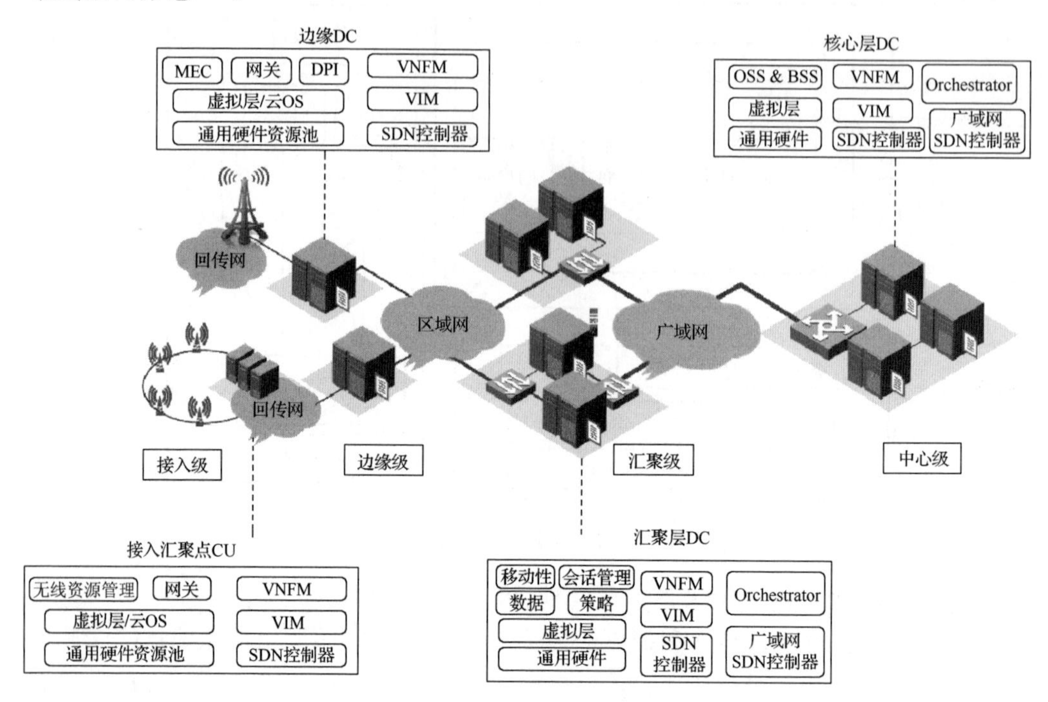


图 5.10　5G 网络组网视图

中心级数据中心一般部署于大区或省会中心城市，主要用于承载全网集中部署的网络功能，如网管/运营系统、业务与资源编排、全局 SDN 控制器，以及核心网控制面网元和骨干出口网关等。控制面集中部署的好处在于可以将大量跨区域的信令交互变成数据中心内部流量，优化信令处理时延；虚拟化控制面网元集中统一控制，能够灵活调度和规划网络；根据业务的变化，按需快速扩缩网元和资源，提高网络的业务响应速度。

边缘级数据中心一般部署于地市级汇聚和接入节点，主要用于地市级业务数据流卸载，如用户面功能、4G 系统网关、边缘计算平台和特定业务切片的接入和移动性功能。用户数据边缘卸载的好处在于可以大幅降低时延敏感类业务的传输时延，优化传输网络负载。通过分布式网元的部署方式，将网络故障范围控制在最小范围。此外，通过本地业务数据分流，可以将数据分发控制在指定区域内，满足特定场景的安全性需求。

虚拟化方面，针对移动核心网业务，运营商可采用统一的 NFV 基础设施平台向下收敛通用硬件，支持软硬件解耦或 NFV 系统三层解耦能力。电信运营商对云平台的核心价值关注主要在于高可用性、高可靠、低时延、大带宽。

数据中心组网方面，通过两级数据中心节点的 SDN 控制器联动提供跨 DC 组网功能，提高 5G 核心网端到端自动化部署和灵活的拓扑编排管理能力；数据中心内部组网可采用两层架构加交换机集群的模式，减少中间层次，提高组网效率和端口利用率；或选择 Leaf-Spine 水平扩展模式，实现 Leaf 和 Spine 全互联、多 Spine 水平扩展，处理东西向流量；在满足电信虚拟化网络功能性能的条件下，通过 Overaly 网络虚拟化实现大二层，利用 SDN 技术，增强按需调度和分配网络资源的能力。

### 5.3.3　5G 网络虚拟化平台的架构方案

基于对 5G 网络架构的设计，在接入网处由于引入集中单元和分布单元，5G 接入网的虚拟化平台架构方案发生了巨大变化。关于 5G 接入网的虚拟化平台架构，中国移动提出了集中式接入网架构(C-RAN)[12]，并已经获得了业界的广泛认可，成为了下一代移动通信网络联盟(Next Generation Mobile Network，NGMN)[13]的工作项目之一。在这种新的集中式接入网虚拟化平台架构中，集中化的基站处理实体和分布式的射频端口相分离，并通过高带宽的光传输网络进行互联。中国移动通过 18 个站点实际网络证明，在集中式部署下，远端无需机房、空调、馈线传输等，总体能耗有显著的降低，同时降低了网络维护难度，节约了人力成本。在新的 5G 网络虚拟化平台架构下，支持原先网络架构中已存在的协作传输等技术的同时，通过基站集中部署节省大量的机房建设成本和设备能耗成本，可以实现基站处理设备的集中化管理和共享，极大提高资源管理的灵活性。在 C-RAN 概念研究及架构验证方面初步验证了集中式移动通信网络虚拟化平台的特点和优势之后，多家研究机构和设备商都各自提出了相应的集中式网络虚拟化平台架构模型和框架。

IBM 提出的无线云网络(WNC)[14,15]，如图 5.11 所示，它将基站集中化与基带处理在通用处理器的实现相结合，主要阐述基带处理在通用虚拟化平台上运行时的逻辑架构和并行性分析，包括虚拟基带处理实体和虚拟协议处理实体在通用处理设备上的绑定和分离两种组织方式，基带处理在多个处理器上的并行执行流程，各基站处理过程在通用处理器上的并行粒度划分等。

清华大学从其提出的利用无线资源和能耗的“超蜂窝”网络架构[16]出发，结合集中式接入网虚拟化平台架构的特点，提出了 CONCERT 的网络架构[17]，如图 5.12 所示。它着重介绍了集中式和分布式相结合、基于云架构的蜂窝系统。在该架构中，对整个网络运行进行控制的控制面是整个架构的核心。此外，除了进行集中化的基站处理外，移动云计算也可以辅助处理解耦后的数据，而多样化的控制实体可以用来管控不同的数据处理实体，分配虚拟处理资源。

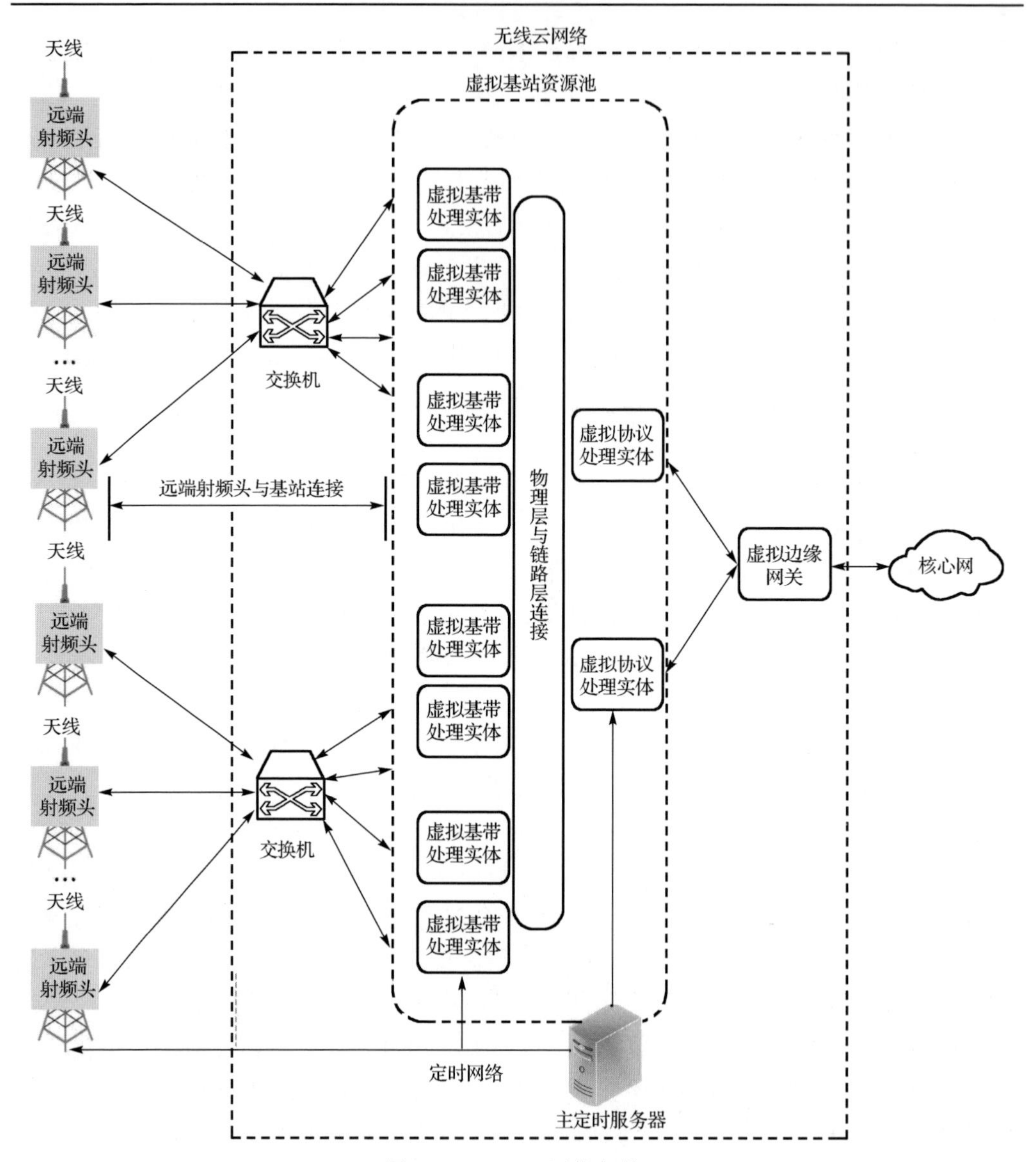


图 5.11　WNC 网络架构

除了上述架构外，华为等设备厂商和技术机构也纷纷提出了基于软件无线电等技术的虚拟化平台实现方案[18-21]。中国科学院计算技术研究所提出了超级基站架构[22]，超级基站按照未来多模融合高宽带移动通信接入的需求，基于开放虚拟化平台，支持多通信标准，使用集中式虚拟化平台处理来完成传统接入网络的全部功能。超级基站为“物理集中、逻辑分布”的新型集中式接入网架构如图 5.13 所示，通过硬件积木块式设计形成水平集中式的硬件处理资源池(即集中式虚拟化平台)，在集中式虚拟化平台基础上支持积木块式组件化软件设计，可通过软件加载生成多种制式网络，基于软件定义网络与虚拟化技术实现处理资源、无线资源与网元功能的共享与统一管理。

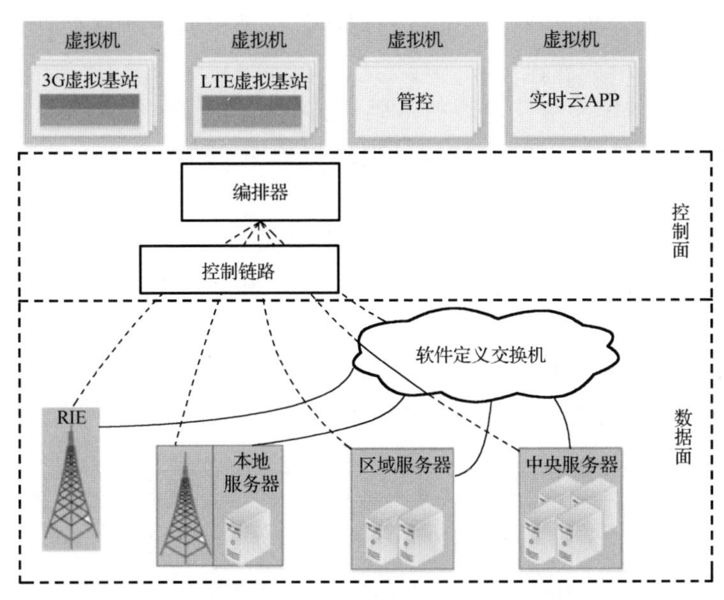


图 5.12　CONCERT 网络架构

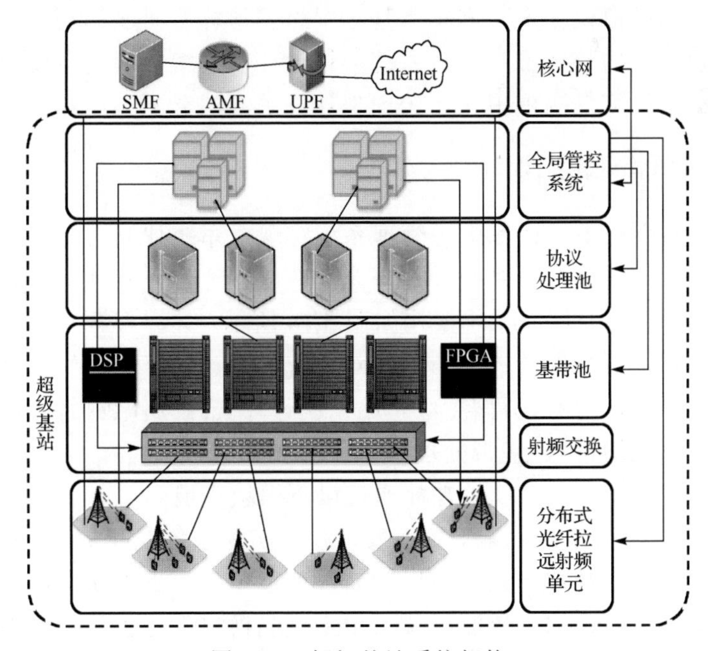


图 5.13　超级基站系统架构

从整体上看，超级基站由协议处理池、基带处理池、射频交换、射频单元和全局管控系统五个主要部分组成。

(1)基带处理池由基带处理单元通过高速互联组成，为基带处理提供基础设施，具有高处理能力和灵活性，基带处理基础设施主要由通用处理设备加可编程加速设备组成。

(2)协议处理池作为协议处理的基础设施由通用处理设备组成，完成接入网实时性要求较低的协议处理任务，协议处理池与基带处理池之间可通过 IP 网络高速互联。

(3)射频交换支持基带池与射频单元的按需互联，射频单元与基带处理资源池之间也可通过通用公共无线电接口协议直接固定相连。

(4)射频单元，负责远端分布式信号覆盖和接入，射频单元前端支持多模、多制式射频信号处理，从而完成射频与数字基带信号相互转换。

(5)全局管控系统统一管理协议处理池、基带处理池、射频交换、射频单元，实现资源的高效共享。

## 5.4　5G 网络中的资源虚拟化

为提高无线网络服务能力的同时兼顾网络构建运营成本与可持续发展，5G 网络引入网络资源虚拟化技术。本小节基于中科院计算所研制的超级基站设备设计虚拟资源管理系统的整体方案，从系统架构设计及系统实现的角度对虚拟资源，即将实际系统中计算资源虚拟化后的虚拟计算资源的分配方法与流程进行分析。

### 5.4.1　虚拟资源管理系统设计

在超级基站系统中，计算资源管理系统实现对系统计算资源的管理控制功能包括系统计算资源的分配、系统计算资源的在线伸缩、系统计算资源的休眠控制等功能。计算资源管理控制系统架构如图 5.14 所示。计算资源管理中心需要发现并记录系统可用计算资源的改变，所有对系统可用计算资源产生影响的操作都需要通过计算资源管理中心执行。超级基站系统计算资源具体包括协议处理单元(不同架构的处理单元均可)、基带处理单元和射频交换单元。

在本系统架构设计中，以上功能通过以下模块实现。

(1)系统计算资源发现功能。资源发现模块实现系统在线扩容、减容。其通过对各处理单元信息记录和查询，可以判断各处理单元上下电状态，当有处理单元状态发生改变时，即通知主控制模块，由主控制模块进行告警资源池更新。资源发现模块的查询结果会直接影响整系统可用资源。

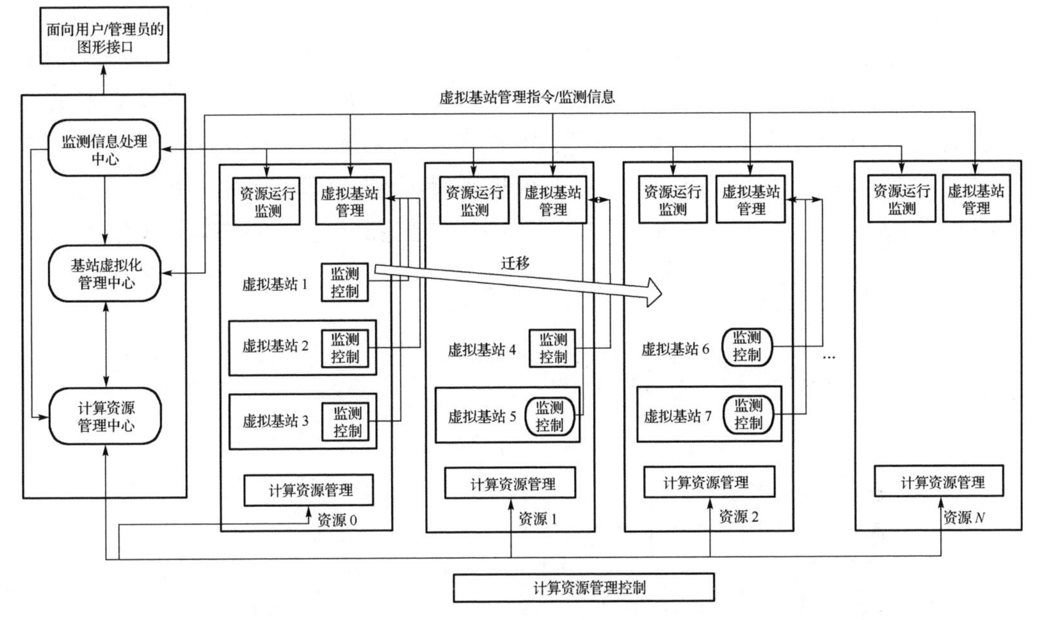


图 5.14　超级基站计算资源管理系统架构图

(2) 系统计算资源使用状态查询功能。资源使用状态查询模块实现系统计算资源具体应用于计算的使用状态查询。其根据系统配置，查询数据库中计算资源的分配信息记录，与系统预设器件关闭、休眠等条件进行比对，当有计算资源达到预设条件(如该资源超过 5 小时未使用等)，即通知主控制模块，由主控制模块进行资源下电，或者休眠配置，以达到系统节能目的。

(3) 系统计算资源分配功能。根据系统计算资源的使用情况和虚拟基站的要求，为系统运行的虚拟基站进行实际计算资源分配。

① 系统计算资源到虚拟资源的抽象：将系统硬件资源抽象成为系统虚拟资源，以进行资源分配，根据虚拟基站的运行需求，将固定的硬件资源抽象为可容纳多个虚拟基站运行的匹配方式。

② 系统计算资源的实际分配：根据不同的计算资源分配策略，进行实际计算资源分配。

(4) 系统计算资源控制功能。

① 系统计算资源的上下电控制：主要是系统内处理单元的上下电控制。根据系统负载变化，控制系统内处理单元的上下电，用于系统节能。

② 系统执行器件的休眠控制。主要是系统处理单元上关键执行部件的休眠及唤醒控制。根据系统的计算资源实际使用，控制系统内板单元执行器件的休眠及唤醒，用于进一步节能。

计算资源管理系统与超级基站其他系统之间的关系如图 5.15 所示。资源分配功能模块与基站虚拟化管理中心交互，支持系统虚拟基站对计算资源的分配、回收，调整应用需求；资源发现及控制计算资源管理中心本身的功能，用于支持系统计算资源的在线伸缩、休眠等应用需求；计算资源管理执行过程中与数据库有交互操作接口，用来根据系统计算资源的当前状态进行计算资源更改。

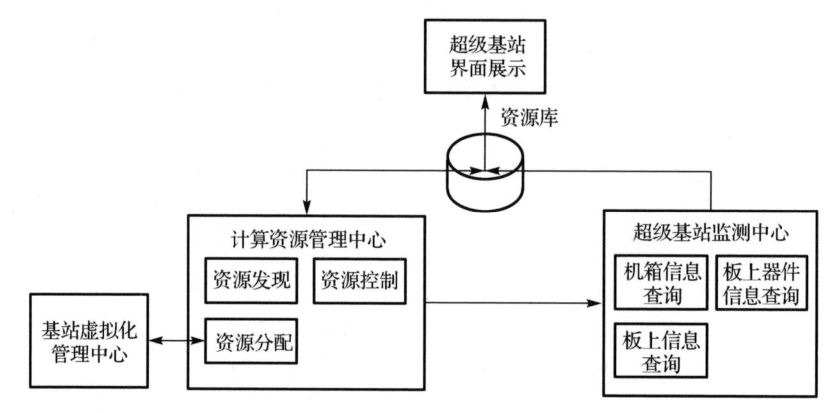


图 5.15　计算资源管理与其他子系统关系图

根据以上对计算资源管理系统软件功能的描述，将计算资源管理软件划分为资源发现、资源使用状态查询、资源控制(包括资源上下电、器件休眠、唤醒)、资源分配以及主控制多个模块。计算资源管理系统软件架构如图 5.16 所示。

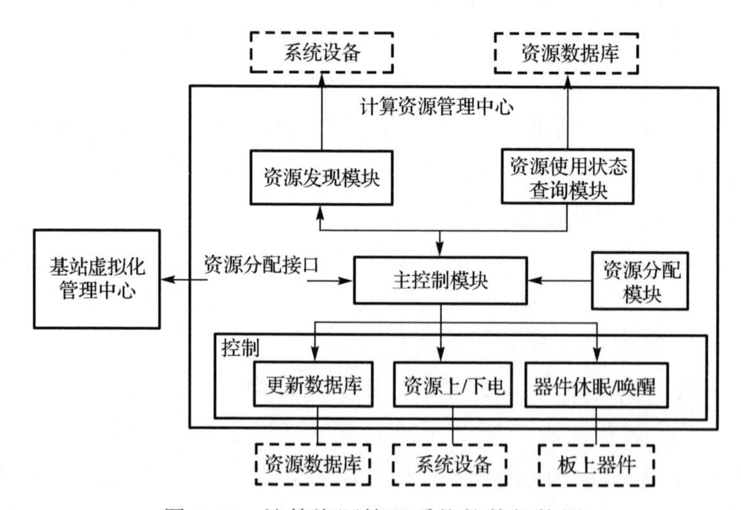


图 5.16　计算资源管理系统软件架构图

主控制模块为计算资源管理的核心执行模块，主控制模块主要负责完成对其他各个模块发来消息的处理功能，计算资源管理中心程序启动并初始化后，主控制模块便不断地从消息队列接收消息，并根据消息类型进行不同的处理。消息类型分为连通性确认消息(CRM_VBSM_TRANSMIT)、资源发现消息(CRM_RES_DISCOVER)、资源分配消息(CRM_VBSM_RESOURCE)。当收到的消息是连通性确认消息(CRM_VBSM_TRANSMIT)时，调用传输状态请求消息处理函数(handle_fn_trans_status_requ_msg)进行处理；当收到的消息是资源发现消息(CRM_RES_DISCOVER)时，调用传输资源发现消息处理函数(handle_fn_res_disc_msg)进行处理；当收到的消息是资源分配消息(CRM_VBSM_ RESOURCE)时，则调用状态机函数(do_crm_sm)进行处理。

根据计算资源管理软件总体设计，该软件的线程模型如图5.17所示。资源发现线程用于执行系统资源发现功能；资源状态查询线程用于执行应用于计算的使用状态查询；主控制线程用于执行计算资源分配等各种操作；网口接收线程用于接收其他子系统发送给计算资源管理中心的信息，并提交给相应的模块进行消息处理。

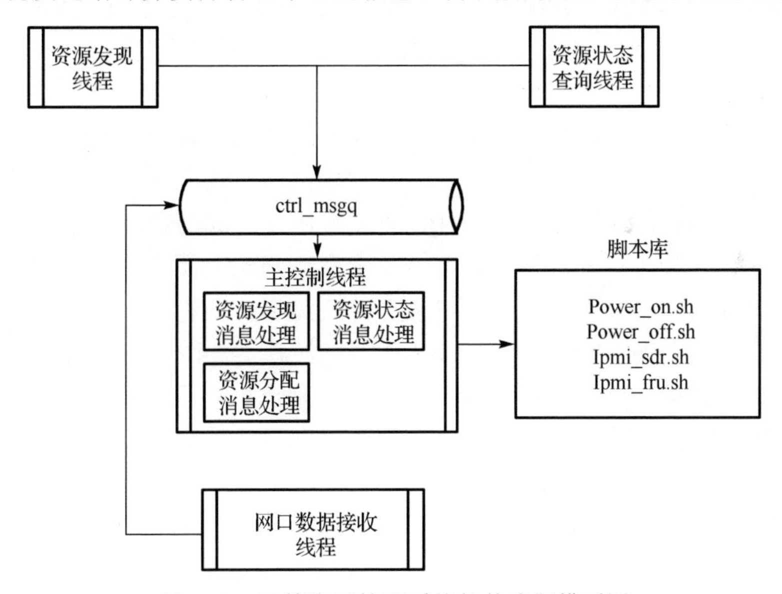


图5.17　计算资源管理系统软件线程模型图

### 5.4.2 虚拟资源分配实现流程

1. 资源使用状态查询流程

资源使用状态查询模块实现系统计算资源具体应用于计算的使用状态查询，

是系统资源分配的基础。系统资源状态查询模块按预设时间轮询数据库中资源使用情况，根据预设条件或者资源使用统计情况，触发主控制模块进行资源的上下电及芯片级休眠唤醒操作，以为系统各业务执行提供充足资源。

2. 资源分配流程

资源分配模块通过主控制模块为基站虚拟化管理中心分配所需计算资源，并根据资源使用情况进行资源的管理。计算资源分配模块为主控制模块提供“资源分配”接口，当需要进行计算资源分配时，主控制模块通过资源分配接口进行计算资源的分配。资源分配模块主要负责完成虚拟基站建立/删除、扩容/缩容、迁移过程中计算资源的分配、回收等操作。

1) VBS 建立资源分配处理流程

计算资源管理中心在接收到“VBS 建立资源分配请求消息”后，根据消息里的配置参数进行所需计算资源的决策，然后进行计算资源分配，如果资源分配成功，则进行板卡资源状态更新和 VBS 实体资源更新，然后发送“VBS 建立资源分配响应消息”给虚拟基站管理中心，最后更新 VBS 实体状态。如果资源不足(包括 PPU、BBU 资源均不足，PPU 资源不足，BBU 资源不足)，则首先进行资源池告警状态更新，然后发送“VBS 建立无计算资源分配”响应消息给虚拟基站管理中心。

计算资源管理中心在接收到“VBS 建立资源使用成功响应消息”后，先进行 VBS 实体参数比对，查看是否一致，若不一致则退出，不做后续处理。若一致，则进行 VBS 实体状态更新，并在数据库中创建 VBS 资源表。

计算资源管理中心在接收到“VBS 建立资源使用失败响应消息”后，先进行 VBS 实体参数比对，查看是否一致，若不一致则退出，不做后续处理。若一致，则对板卡报警状态进行更新并资源回收，然后对 VBS 实体状态进行更新，最后再进行资源重新分配。

计算资源管理中心在接收到“VBS 建立 PPU 资源使用失败响应消息”后，先进行 VBS 实体参数比对，查看是否一致，若不一致则退出，不做后续处理。若一致，则对 PPU 板卡报警状态进行更新并资源回收，然后对 VBS 实体状态进行更新，最后再进行 PPU 资源重新分配，若分配成功，则进行 PPU 板卡资源状态更新和 VBS 实体 PPU 资源更新，然后发送“VBS 建立 PPU 资源重分配响应消息”给虚拟基站管理中心，最后更新 VBS 实体状态。若分配失败(PPU 资源不足)，则首先进行资源池告警状态更新，然后发送“VBS 建立无 PPU 计算资源分配”响应消息给虚拟基站管理中心，最后对 VBS 实体状态进行更新。对“VBS 建立 BBU 资源使用失败响应消息”的处理流程与“PPU 资源使用失败响应消息”的处理流程类似。

计算资源管理中心在接收到“VBS 建立失败 PPU 资源释放响应消息”后，进行 VBS 实体参数比对，查看是否一致，若不一致则退出，不做后续处理。若一致，则对 PPU 资源进行回收，然后进行 VBS 实体资源和状态更新。对“VBS 建立失败 BBU 资源释放响应消息”的处理流程与之类似。

2) VBS 扩容/缩容资源分配处理流程

计算资源管理中心在接收到基站虚拟化管理中心发来的“VBS 扩容资源分配请求消息”后，首先根据消息里的参数进行所需计算资源的决策，然后在数据库中进行计算资源分配，若原板卡剩余资源大于或等于所需增加的资源，则在原板卡上进行扩容，不会引起迁移。另外，在原板卡上进行扩容时，假定板卡资源的使用是不会失败的(因为已经有 VBS 在上面运行着了，说明硬件板卡本身没有问题)。然后，进行板卡资源状态更新和 VBS 实体资源更新，之后发送“VBS 扩容资源使用响应消息”，最后更新 VBS 实体状态。VBS 缩容资源分配的处理流程与之类似。计算资源管理中心在接收到基站虚拟化管理中心发来的“VBS 使用成功响应消息”后，首先进行 VBS 实体状态更新，然后进行数据库中的 VBS 资源表更新。

3) VBS 迁移资源分配处理流程

计算资源管理中心在接收到“VBS 扩容资源分配请求消息”后，首先根据消息里的参数进行所需计算资源的决策，然后在数据库中进行计算资源分配，若原板卡剩余资源小于所需增加资源，则不能在原板卡上进行扩容，需要进行迁移。VBS 迁移的处理流程与 VBS 建立时不同的地方在于，迁移的过程中，如果迁移失败了，需要从数据库中获取未迁移前的 VBS 资源表，并将计算资源管理软件中维护的 VBS 实体资源和状态进行回滚更新，其他的资源使用及重分配等流程与 VBS 建立时没有太大区别。

4) VBS 删除资源释放处理流程

计算资源管理中心收到“VBS 删除资源释放消息”后，先进行 VBS 实体参数比较判断，若不一致则返回，若一致，则进行板卡资源回收并进行 VBS 实体资源更新，然后向基站虚拟化管理中心发送“资源释放响应消息”，最后进行 VBS 实体状态更新。

## 5.5　小　　结

本章介绍了 5G 网络的软件定义与虚拟化。首先概述了 5G 网络的业务需求，分析了多样化业务对5G网络的差异化能力要求；然后分别介绍了5G网络功能的软件定义技术、5G网络的虚拟化平台技术、5G网络的资源虚拟化技术。

面向多样化的5G业务需求，从用户体验速率、连接数密度、端到端时延、流量密度、移动性和用户峰值速率指标要求出发，总结未来5G网络典型应用场景的通信需求特征；考虑5G网络的多样化通信需求特征，引入了功能的软件定义设计，通过软件定义技术对软件进行模块化拆分与重组，接入网控制与数据单元分离，核心网控制与转发分离并按需下沉，可高效灵活地编排支持软件定义的模块，进而提供差异化的5G网络功能与性能能力；进而，5G网络采取虚拟化平台的方式提供软件定义的无线网络功能的硬件资源运行环境，5G网络虚拟化平台通过三层功能结构，以网络接入和转发功能为基础，向上提供管理编排和网络开放的服务，基于通用与专用硬件融合的基础设施，支持5G网络的高性能转发要求和电信级的管理要求，提供虚拟化平台的设备和网络部署的实现方案；为推进5G网络虚拟资源分配的应用进程，以超级基站系统为例，从系统架构设计及系统实现的角度对虚拟资源分配方法及流程进行分析，设计了超级基站资源管理系统架构及资源分配实现流程。

## 参考文献


[1] IMT-2020（5G）推进组. 5G愿景与需求白皮书. 2014.

[2] 刘旭, 李侠宇, 朱浩. 5G中的SDN/NFV和云计算. 电信网技术, 2015, (5): 1-5.

[3] Gharbaoui M, Contoli C, Davoli G, et al. Demonstration of latency-aware and self-adaptive service chaining in 5G/SDN/NFV infrastructures//IEEE Conference on Network Function Virtualization and Software Defined Networks, Verona, 2018.

[4] 3GPP. 3GPP TS 38.300. NR and NG-RAN overall description（Release 15）. 2019.

[5] 3GPP. 3GPP TS 23.501. System architecture for the 5G system（Release 15）. 2018.

[6] 3GPP. 3GPP TS 38.472. F1 signaling transport（Release 15）. 2019.

[7] 3GPP TS 38.331. Radio Resource Control（RRC）protocol specification（Release 15）. 2019.

[8] GPP. 3GPP TS 38.463. E1 Application protocol（E1AP）（Release 15）. 2019.

[9] 3GPP. 3GPP TS 38.401. Architecture description（Release 15）. 2019.

[10] IMT-2020（5G）推进组. 5G网络架构设计白皮书. 2016.

[11] IMT-2020（5G）推进组. 5G核心网云化部署需求与关键技术白皮书. 2018.

[12] China Mobile Research Institute. Toward 5G C-RAN: requirements, architecture and challenges. 2016.

[13] Next Generation Mobile Networks（NGMN）Alliance. Suggestions on potential solutions to CRAN by NGMN CRAN. 2013.

[14] Lin Y, Shao L, Zhu Z, et al. Wireless network cloud: architecture and system requirements. IBM Journal of Research and Development, 2010, 54(1): 184-187.

[15] Zhu Z B, Gupta P, Wang Q, et al. Virtual base station pool: towards a wireless network cloud for radio access networks//Proceedings of the 8th ACM International Conference on Computing Frontiers, Ischia, 2011.

[16] Niu Z, Zhou S, Zhou S D, et al. Energy efficiency and resource optimized hyper-cellular mobile communication system architecture and its technical challenges. Scientia Sinica Informationis, 2012, 42(10): 1191-1203.

[17] Liu J, Zhao T, Zhou S, et al. CONCERT: a cloud-based architecture for next-generation cellular systems. IEEE Wireless Communications, 2015, 21(6): 14-22.

[18] Alcatel-Lucent. LightRadio white paper: technical overview. http://www.alcatel-lucent.com, 2011.

[19] Georgakopoulos, Karvounas, Stavroulaki, et al. Cognitive cloud-oriented wireless networks for the future Internet//Wireless Communications and Networking Conference Workshops, Paris, 2012.

[20] Li D, Gao L, Sun X, et al. A cellular backhaul virtualization market design for green small-cell networks. IEEE Transactions on Green Communications and Networking, 2019: 1.

[21] Wu J. Green wireless communications: from concept to reality. IEEE Wireless Communications, 2012, 19(4): 4-5.

[22] Qian M, Wang Y, Zhou Y, et al. A super base station based centralized network architecture for 5G mobile communication systems. Digital Communications and Networks, 2015, 1(2): 152-159.

# 第 6 章　软件定义与虚拟化的无线接入网应用

随着软件定义无线网络功能、无线网络资源虚拟化、无线网络虚拟化平台等技术的发展，重构网络基础设施和网络资源，实现无线网络的软件定义与虚拟化成为发展趋势[1]。无线网络包含接入网、承载网、核心网三个部分，其中承载网负责接入网与核心网之间数据交互，基于传统网络软件定义与虚拟化技术实现数据交互路径的软件定义以及传输资源的虚拟化；核心网负责通信控制与数据路由，基于网络功能软件定义与虚拟化平台、虚拟化资源技术实现功能灵活部署、资源按需匹配。承载网与核心网的软件定义与虚拟化发展已经有成熟的方案[2]。接入网负责完成空口协议处理、实现终端接入，由于无线信号处理高实时性、处理时延要求高等，与承载网和核心网相比，其软件定义与虚拟化发展相对滞后。虚拟基站构建旨在打破传统分布式基站中基站设备的资源专用性以及物理隔离属性，改变资源组织方式，实现硬件资源通用化、虚拟化处理，通过将基站功能的软件化、模块化，实现软件的灵活组合与部署。在软件定义与虚拟化的无线接入网络中，原有分布式独立的基站“不见了”，通过功能与资源的动态分配与组合，实体基站变成了虚拟基站，进而构建成为软件定义与虚拟化的接入网络，提供信号接入服务。基站的软件定义与虚拟化可进一步降低移动通信网络的部署、运营成本，提高网络灵活性，并进一步提高总体网络利用率。

本章节将重点介绍软件定义与虚拟化的接入网的资源模型及管理框架，并介绍当前主流运营商、设备商、科研团队的软件定义与虚拟化的接入网的解决方案实例。

## 6.1　软件定义与虚拟化的无线接入网概述

### 6.1.1　软件定义与虚拟化无线接入网的核心

基站是接入网的核心设备，其依托接入网的架构和组建方式构建。软件定义与虚拟化无线网络的核心是通过功能软件化、资源通用化和虚拟化，实现基站的业务逻辑实体与物理设备解耦，将物理独立的实体基站变成虚拟基站。从设备形态上看，虚拟基站不再像传统基站设备一样，具备固定的独占的物理设备形态，而是由软件化的功能模块与虚拟化的处理资源组合形成[3]。从功能上看，虚拟基站与传统基站具有完全相同的功能表现形式，具备完整的基站处理逻辑和物理功能。

虚拟基站强调将现有基于专用通信设备实现的基站功能中的部分功能(计算密集且对处理时延要求不高的)软件化，并通过虚拟化技术融合到有工业标准的服务器、存储设备、交换机中去，减少专用物理设备类型和数量，基站功能通过运行在这三种标准设备中的软件来实现，以此来降低运营商网络建设和运营成本，可以更容易地对无线接入网络进行管理和创新[1]。同时在虚拟化的基础上，基站部署采用可控配置，消除手动建立过程，引入灵活性，增强全网的整体视图，提高基站部署和运维的效率。

虚拟基站及接入网络拓扑示意如图 6.1 所示。如图 6.1(a)所示，基站 1、2、3 独立建设，各自具有独立的天线、基带处理、协议处理与管控功能组件。虚拟化后接入网络平台资源池如图 6.1(b)所示，从下往上分别为分布式无线覆盖、处理资源池包括基带加速资源、协议和管控功能处理资源，在资源池的基础上，传统基站变为虚拟基站。虚拟基站 1、2 和 3 仍为三个不同的基站，分别包含天线铁塔、基带处理、协议处理和管理控制逻辑实体。但其不再具备各自分立且独享的物理设备，其功能组件的逻辑处理实体与资源池中的物理实体对应关系如图中虚线所示。可以看出，从逻辑上，虚拟基站 1、虚拟基站 2 和虚拟基站 3 分别独立拥有处理资源，实际系统中三个虚拟基站的处理资源可以对应同一物理实体，也可以对应资源池中的不同物理资源实体。图 6.1 中的管控为部署在基站处理设备中的虚拟基站及网络管控功能，包括自组网功能、运维管理功能等。管控系统可以实现对小区 1、小区 2 和小区 3 的管理、资源的调度，以及业务的联合优化和协调。

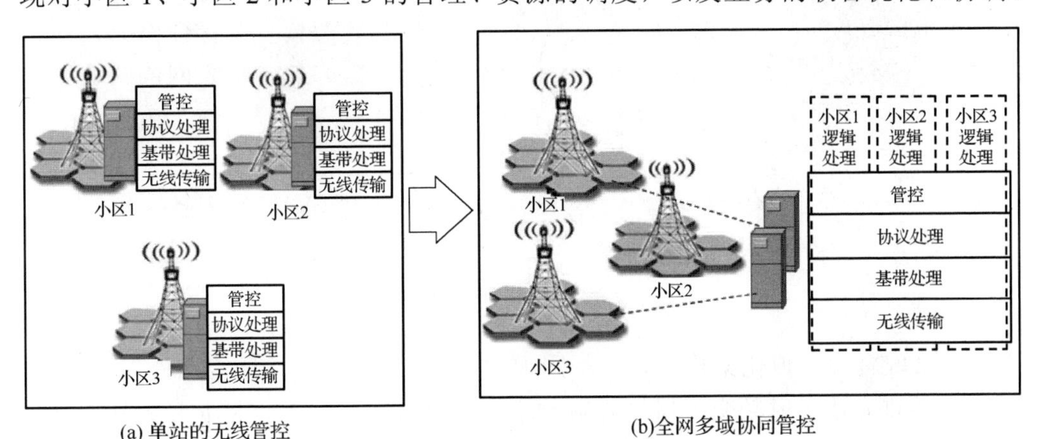


(a) 单站的无线管控　　(b)全网多域协同管控

图 6.1　虚拟基站及接入网络拓扑示意图

### 6.1.2　软件定义与虚拟化无线接入网的价值

实现无线接入网的软件定义与虚拟化，可以动态根据业务需求及全网运行情况，对基站的功能、资源、处理的容量以及网络拓扑进行动态的调整，从而提高基站差异化服务能力、处理资源利用率、节约能耗，提高接入网系统可靠性，降低升级维护成本，实现网络容量的弹性扩展及性能优化，为接入网络管理优化提供更强有力的支撑等。

1. 提高资源利用率，节约能耗

以一固定区域内的基站部署建设为例，将采用传统基站部署方式与集中式虚拟基站部署方式对资源使用情况做对比。考虑固定区域内移动业务最大的区域主要分布在居民区、商业区、办公区以及一个大型运动场。为简单起见，分别用一个基站覆盖作为示意，如图 6.2 左侧部分所示。区域内的居民活动区域体现充分时域性，如白天城镇居民主要在办公区上班，办公区移动业务主要发生在白天；而晚上居民主要在家，因此居民区晚上业务高峰，而商业区业务则主要在周末，此外该城镇每周运动场都会举行大型体育赛事或娱乐活动，届时业务也会达到高峰。采取传统基站部署方式，为了保证特定区域内用户峰值业务需求，每个区域所部署的基站处理设备需满足峰值业务需求，均需要按照峰值容量来部署，则所需要的资源总数为地区峰值所需的资源的 4 倍。

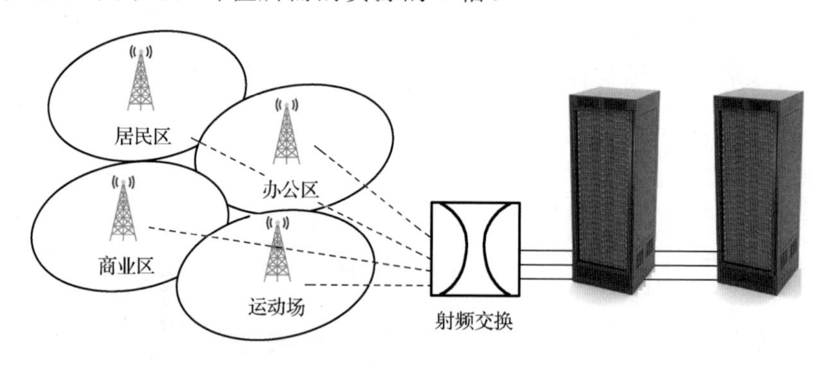


图 6.2　资源虚拟化应用示例

而采取资源虚拟化架构后，四个不同的区域均通过天线拉远接入处理资源池。射频天线首先通过射频交换器进行射频交换，通过射频交换，将射频天线与基带处理物理设备进行关联。系统可以根据小区负载动态给小区配置对应的处理资源数目。下面分别就几个典型场景进行分析。

(1) 峰值场景。由于该城镇活跃用户总数目保持不变，当某个小区处于满负荷时，其他小区均只需要很少无线资源即可满足业务需求。系统总部署资源仅需要满足区域内负载总数即可。

(2) 空闲场景。当夜间所有区域都处于空闲时，每个基站只需要部署很少的载频满足网络覆盖，此时虚拟网络可以将多个区域的基站处理任务合并，集中利用处理资源，其他可以休眠或完全关闭，进一步节约能耗。

(3) 突发场景。若该镇在体育馆举行大型集会，体育馆人数突然倍增，原有的容量不能满足需求，若采取传统基站部署方式，则需要增加应急基站来增加无线资源和处理资源。而虚拟网络中则可以通过动态资源分配给覆盖体育馆的基站更多的载频(例如通过邻区资源借用)，并将空闲的处理资源分配给该基站进行业务处理，满足突发业务需求，业务处理更加灵活。

### 2. 提高系统可靠性

实现无线接入网的软件定义与虚拟化，支持业务在线迁移能提高系统可靠性。软件定义与虚拟化无线接入网中虚拟基站可以实现基站物理处理设备负载分担，将高负载运行的处理设备上的业务迁移到低负载处理设备上执行，一方面可保证业务不因处理资源不足出现中断，从而保证服务质量；一方面负载分担可以延长设备使用寿命，整体提高系统可靠性。虚拟基站可以更好地应对设备故障，当系统预警设备可能发生故障时，可以通过业务在线迁移将预警设备上的基站业务转移到其他正常设备上，保证业务不因设备突然故障出现中断，进一步提高系统的可靠性。

### 3. 实现系统无缝升级

实现无线接入网的软件定义与虚拟化有助于系统无缝软件升级。软件定义与虚拟化的无线接入网实现了软硬件平台解耦，当需要对基站业务软件进行升级时，可首先部署并启动升级后的软件，然后通过业务迁移将原执行软件中的用户业务数据切换到新升级的软件中，即完成虚拟基站软件升级，在此过程中业务并没有中断。相对传统方式对每个基站站址中断业务完成软件升级的方式，虚拟基站支持系统无缝升级，提高网络质量。

### 4. 支持网络协同优化

实现无线接入网的软件定义与虚拟化能够更好地支持基站间的协同优化。虚拟基站可部署于集中式处理资源平台，基站间通过高速互联接口，可更好地执行协同优化算法，如基站间的干扰避免、基站间协同多点传输等，对无线资源使用进行协同优化。集中式处理资源可使用统一的管理平台，根据虚拟基站的业务实施使用需求自动对虚拟基站进行扩容、缩容，对处理资源使用进行协同优化。通过无线资源及处理资源的多方协同，可以提升整个接入网的运行效率。

## 6.2　软件定义与虚拟化的接入网构建

### 6.2.1　软件定义虚拟化接入网设备的运行环境

与传统的互联网软件定义与虚拟化类似，无线接入网络的软件定义与虚拟化，即基站的软件定义与虚拟化，是将软硬件解耦，软件功能模块化并按需编排，通过对无线接入网络基础设施的组织和管理，在统一的基础设施上提供不同的资源视图，根据软件化功能模块的需求对资源进行动态分配及组合，提供逻辑上独立的多个虚拟基站的功能。无线接入网络的软件定义与虚拟化可以将无线接入网络服务提供商更进一步划分为基础设施提供商和虚拟运营商，如图 6.3 所示。基础设施提供商负责无线接入网络基础设施部署、建立和维护，包括基站射频铁塔架设和维护、回程网络建设、基带处理、协议处理、管理控制等硬件设备架设和集中式机房建设和维护；而虚拟运营商则专注于业务部署、业务维护与网络管理。无线接入网络虚拟化管理平台，即虚拟基站管理平台是连接接入网络基础设施提供商与虚拟接入网络运营商间的纽带，将基础设施的能力进行统一管理、抽象，动态地按需分配给虚拟运营商，并为其提供管理服务。虚拟运营商可以根据虚拟基站管理平台提供的开放接口动态增加、配置、管理、监控、升级、扩容虚拟基站设备，运行软件定义的无线网络功能，配置无线资源管理算法，进行网络优化，而无须知道实际物理实体所在位置(天线除外)及物理形态。虚拟基站管理平台则可以根据虚拟运营商的 QoS 需求、网络负载动态管理基础设施，实现资源统计复用、动态休眠、无缝迁移、实时热备份等功能，提高系统运行可靠性，提高基础设施资源利用率，节约系统能耗。

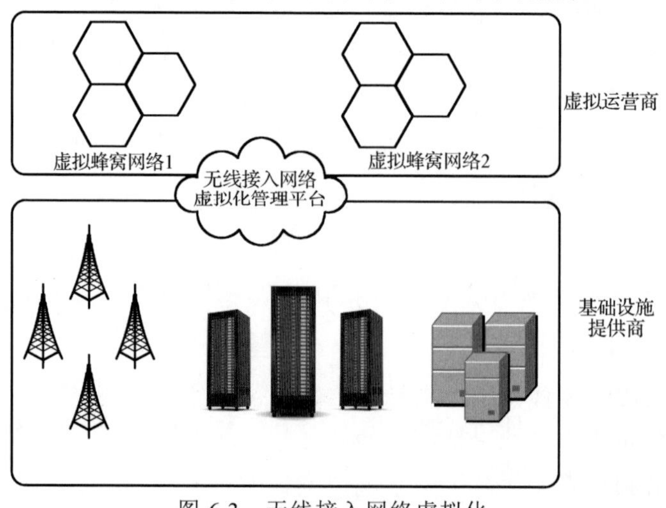


图 6.3　无线接入网络虚拟化

### 6.2.2　接入网的虚拟化资源模型

无线接入网络虚拟化是通过对无线接入网络基础设施的组织和管理，对物理集中的基站处理资源进行抽象、封装，实现资源的水平池化，按需分配；实现虚拟基站的动态按需部署，资源动态分配与组合，虚拟基站对外提供服务的方式与拥有独立基础设施的基站一致，具备同样的对上管理接口，接入用户具备同样的业务感受。

根据移动通信网络资源及基站业务处理的特点，无线接入网络资源虚拟化模型如图 6.4 所示。资源虚拟化模型分为三个逻辑层，分别是物理资源层、虚拟资源层和虚拟基站层[4]。在三层资源之上则是面向运营商和应用的虚拟网络应用层。

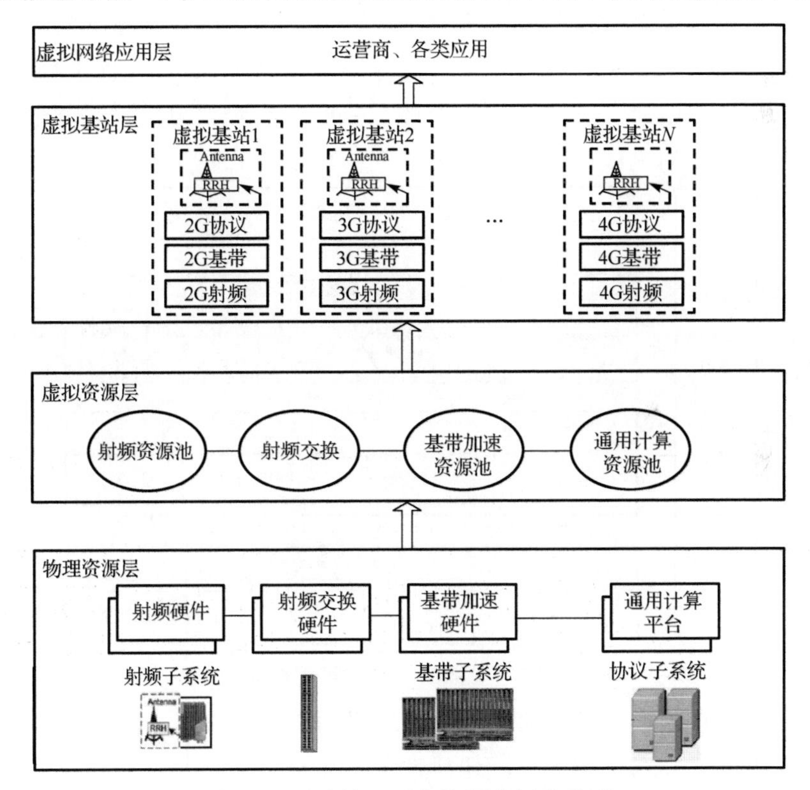


图 6.4　无线接入网络资源虚拟化模型

物理资源层位于整个资源模型最底层，由无线接入网基础设施提供商建设的各种基础设施组成。无线网络基础设施包括提供无线信号覆盖的多种制式的射频子系统，其由分布式部署的多种制式的天线与射频单元构成；射频交换硬件，完成射频数据从射频子系统到基带子系统内设备的高速交换；基带加速硬件，完成基带信号处理加速；通用计算平台，完成高层协议软件的虚拟化部署。设备之间高速互联构成整个无线接入网的处理资源池。

虚拟资源层在物理资源层的基础上，通过对物理资源设备的抽象和聚合，形成具有大的处理能力的资源池，为上层提供虚拟资源视图。上层关注整个资源池的大小和处理能力，而不需要关注具体的物理设备的细节。由虚拟资源层维护虚拟资源与物理资源的映射，提供虚拟资源的分配、回收、调度等管理功能。

虚拟基站层在虚拟资源层的基础上，经过对虚拟资源池中各部分处理资源，如射频资源、基带加速资源、通用处理资源进行动态组合和绑定，组合成一个基站所需要的所有处理资源，承载完整基站逻辑，形成虚拟基站。

### 6.2.3　软件定义与虚拟化接入网的管理框架

资源虚拟化模型中的不同逻辑层次，分别对应了资源的不同处理形式，均需要有对应的管理功能进行相应资源的管理、调度与配置。根据资源虚拟化模型，软件定义与虚拟化的无线网络中的资源管理框架如图 6.5 所示。

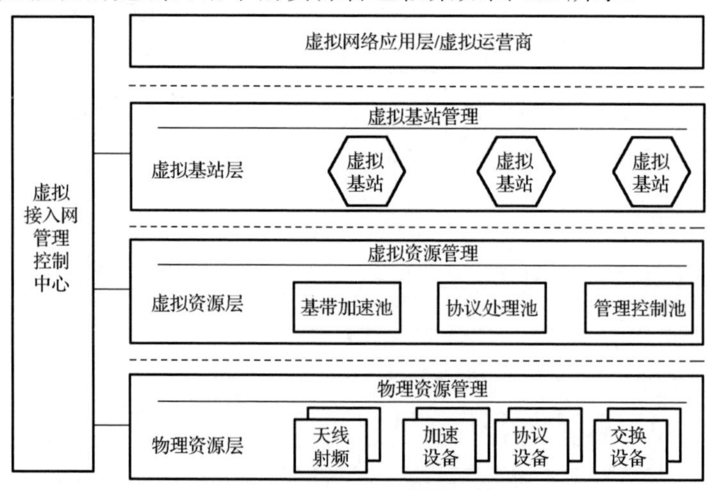


图 6.5　虚拟基站资源管理框架

本节将执行具体管理功能的功能逻辑定义为管理实体。

物理资源层主要关注物理资源如何抽象，设备内如何复用和调度。物理资源层管理功能由位于每个物理设备上的物理资源抽象实体和全局物理资源池管理实体共同完成。物理资源抽象实体是位于每个物理设备之上的轻量级管理实体，维护本物理设备的资源，对物理设备资源进行抽象、封装和复用。物理资源抽象实体通过对物理设备能力进行分割、复用、调度、管理，将物理设备虚拟呈现为具有一定处理能力的、通用的、可调度的虚拟资源，并对外提供统一的管理控制接口。物理资源抽象实体通过物理资源分割提供给不同的处理任务复用。全局物理资源池管理实体通过控制每个设备上的物理资源抽象实体对全局基础设施进行管理和维护。全局物理资源池管理实体维护所有基础设施的资源，包括虚拟资源到物理资源之间的映射，物理设备资源使用情况，向上层屏蔽物理资源具体细节。

虚拟资源层将物理资源层抽象出的虚拟资源进行聚合，组成具有较大能力的虚拟资源池。虚拟资源由虚拟资源管理实体完成管理。虚拟资源管理实体维护虚拟资源与物理资源的映射，提供虚拟资源池虚拟资源的分配、回收、调度、休眠、激活、迁移等管理功能。虚拟资源管理是实现处理资源高效利用的核心管理实体。

(1) 虚拟资源集合分配。将虚拟资源池中的若干虚拟资源组合成资源集合分配上层应用。虚拟资源层管理应当根据上层资源需求量，物理设备能力、负载等合理高效地进行虚拟资源到物理资源的映射。

(2) 虚拟资源集合释放。释放所申请的资源集合。

(3) 虚拟资源休眠与激活。对指定的虚拟资源进行休眠或激活。

(4) 虚拟资源重配置。对部分可重配置的虚拟资源，进行重配置，更新资源池。

(5) 虚拟资源关联。对多个虚拟资源进行逻辑链路或物理链路关联。如天线与基带处理之间的动态交换进行关联，基带处理与协议处理之间通过以太网络进行关联，也可以是两个协议处理资源之间关联(如X2接口或其他逻辑链路)。虚拟资源层对虚拟资源的关联通过控制物理资源管理层对物理资源实体进行I/O配置来实现。

虚拟基站层主要面对虚拟运营商，提供可编程、可动态配置的虚拟基站管理。虚拟基站层根据业务和运营需求，按需调用与编排软件定义的功能模块与物理功能模块，从虚拟资源池视图中申请相应的虚拟资源，通过对基站所需天线射频资源、基带处理资源、协议处理资源和管理控制资源进行动态组合和绑定，组成具有完整基站逻辑和物理功能(以终端和覆盖感受)。虚拟基站/网络层主要关注如何对逻辑基站进行资源配置，例如，站址选择、覆盖范围、天线参数、无线资源分配。一方面满足上层用户(虚拟运营商)的需求，另一方面通过自优化在保证用户QoS的情况下对资源进行优化组合，提高利用率。虚拟基站管理是实现基站管理的核心管理实体，主要包括以下五个能力。

(1) 基站生成。选取虚拟的与物理的基站功能模块，给虚拟基站选择相应的天线站址，为功能模块配置其基带加速资源、协议处理资源并完成射频、基带加速、协议处理资源间的数据路径配置，实现处理资源组合、关联成逻辑基站。

(2) 基站配置。对虚拟基站进行网络管理、运行参数、无线参数、性能监测等配置功能。

(3) 基站删除。根据虚拟运营商要求，删除相应虚拟基站，回收虚拟基站所分配占用的资源。

(4) 基站升级。将虚拟基站相应的处理软件进行软件层面升级。

(5) 基站协同。虚拟基站层对虚拟接入网中所构建的所有虚拟基站具有全局视图，可以为虚拟基站配置协同机制和算法，控制系统中虚拟基站协同工作。

基于以上对虚拟资源管理功能的分析，在软件定义与虚拟化的接入网中提出基站部署的需求时，系统完成虚拟基站部署的流程，具体为：第一阶段根据虚拟基站的业务要求，为其生成定制化的功能并配置所需的处理资源；第二阶段完成资源组合、配置，启动并运行虚拟基站，如图 6.6 所示。虚拟基站的部署流程具体步骤如下。

步骤 1：使用者提交基站功能与部署需求，通过虚拟基站管理实体提供的“基站部署”软硬件接口，配置所要部署基站的天线和运行配置、所要创建虚拟基站的网络制式、基站可用无线频谱资源以及预期容量等。

步骤 2：虚拟基站管理实体根据需求为该基站创建一个逻辑的虚拟基站管理实体，后续所有有关虚拟基站运行相关的操作，都根据该虚拟基站管理实体记录信息进行决策处理。

步骤 3：虚拟基站管理实体向虚拟资源管理实体申请处理资源，处理资源包括基站运行所需要的所有资源，包括天线资源、基带加速资源和协议处理资源等。

步骤 4：虚拟资源管理实体则根据虚拟基站层的请求分配虚拟资源，将虚拟资源映射到相应的物理资源(虚拟资源分配数目只需满足网络需求而无须根据峰值要求配置)，并根据虚拟基站层的“资源组合”指令进行“虚拟资源关联”。

步骤 5：物理资源层根据虚拟资源层的指令进行“任务分配”，各物理设备上的物理资源管理实体将分配的任务启动运行并完成“I/O”配置。

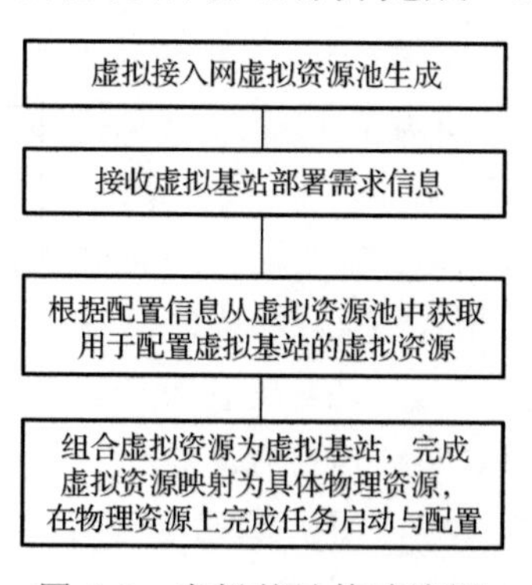


图 6.6　虚拟基站构建流图

通过上述步骤，完成了虚拟基站的功能生成与处理资源的分配，处理任务的创建以及数据通路的关联，虚拟基站部署完成。在虚拟基站业务运行过程中，虚拟基站管理实体与基站处理任务间通过管理接口进行业务运行情况交互，虚拟基站管理实体根据网络负载动态为虚拟基站调整资源。在整个过程中，虚拟运营商通过开放接口操作虚拟基站层，而虚拟基站层则通过接口操作虚拟资源层，虚拟资源层再将相应的指令传递到物理资源层。通过三层虚拟，虚拟运营商可以完全透明地使用物理资源。

### 6.2.4 基于功能软件定义的虚拟基站管理

软件定义消除了网络功能和硬件之间的依赖关系，使得无线网络功能可以灵活部署。接入网的软件定义主要依托网络功能虚拟化的管理框架来实施。软件定义的虚拟化网络功能的核心是网络功能的软硬件解耦，实现网元功能软件与物理资源的分离，支持在通用硬件资源上，实现虚拟网络功能的创建与自动化配置[3,5]。其中，重要的工作是将网络功能重定义为可软件化、虚拟化的网络功能，并创建标准化的执行环境和管理接口。一般来说，网络功能将分为两部分：可供软件化的网络功能，以及不能被软件化的网络功能，定义为物理网络功能。其中，可供软件定义功能实现为独立的功能实体，作为一个软件化的虚拟网络功能运行在网络功能虚拟化标准框架内，而物理网络功能则按照传统方式独立运行。如图 6.7 所示。软件定义的虚拟化网络功能编排与管理承担虚拟网元与虚拟设备的生命周期管理功能。其中，虚拟基础设施管理器与硬件虚拟资源层配合，承担基站管理框架中的虚拟资源管理与物理资源管理两部分功能，完成基础设施管理与虚拟基站的资源分配。而虚拟网络功能管理器中实现多类网络功能的管理。

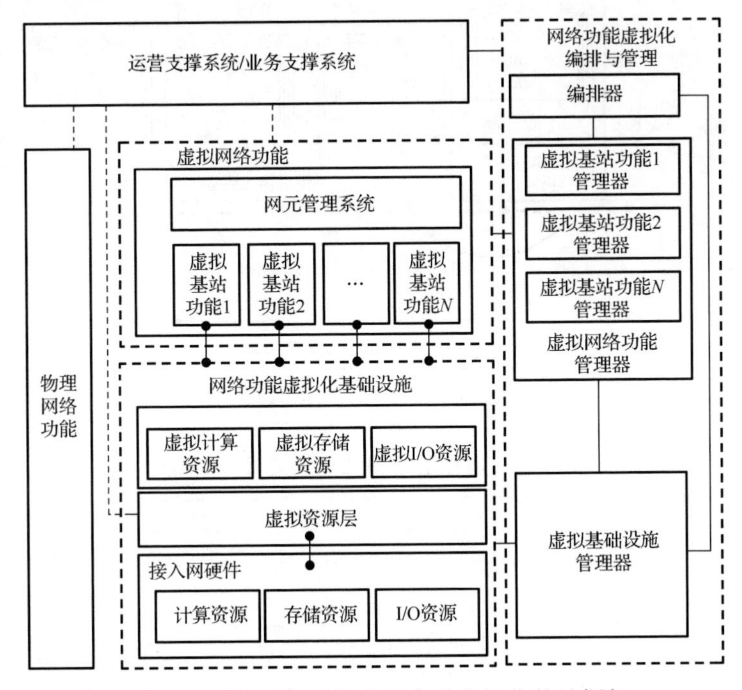


图 6.7　基于网络功能虚拟化的虚拟化基站框架

基于网络功能软件化框架进行基站虚拟化，核心是需要确定对基站的哪些功能或组件进行软件化，理论上来说，软件化可能发生在基站中每个协议层或者协议层之间的接口上。但是，考虑到 3GPP 标准中对基站功能实施运算能力和层间反馈回路上时间的要求，不同的软件化功能采用的虚拟化承载方式不同。图 6.8 是基站可采用的虚拟化承载一种方案。考虑到信号处理的高速、高实时性要求，基站物理层(PHY)划分为两部分，一部分保留为物理网络功能，采用微处理器单元硬件架构以及硬件加速器加速，保障其处理速率和性能满足实时信号处理要求。另一部分功能作为虚拟网络功能，基于虚拟机运行在高性能通用处理服务器中。基站协议栈层 2 和层 3 功能，即媒体接入层(MAC)、无线链路层(RLC)、分组数据汇聚协议层(PDCP)、无线资源控制层(RRC)的功能可分别封装为虚拟网络功能，与自组织网络、无线资源管理等管理功能集中部署在通用处理服务器资源池中。从网络设备生命周期来看，相比于传统基站，虚拟化基站具有如表 6.1 所示的特点。

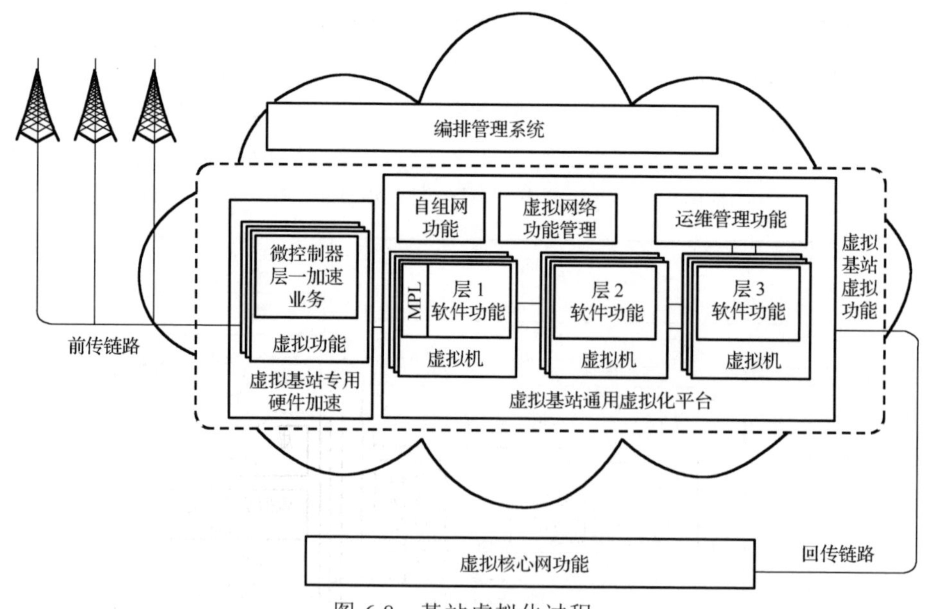


图 6.8 基站虚拟化过程

**表 6.1 虚拟基站相比传统基站的特点**

| 对比项 | 传统基站 | 虚拟基站 |
|---|---|---|
| 部署位置 | 基站机房 | 数据中心 |
| 设备 | 专用设备 | 通用设备 |
| 固定成本 | 昂贵：黑盒子解决方案 | 大宗商品价格 |
| 灵活性 | 为特定场景设计 | 可及时变更生成软件功能 |
| 采购来源 | 有限 | 允许模式的多样性 |
| 维护成本 | 高，包括机房电源，安全防护等 | 低，集中化管理 |

## 6.3 软件定义与虚拟化的无线接入网解决方案实例

通用芯片工艺发展、芯片架构和指令集增强，以及以 FPGA 为代表的芯片对数字信号处理能力提升，SDK 和 API 的完善及功耗的不断降低，共同保障了通用服务器的 I/O 能力，为无线接入网的硬件加速和信号处理提供了可行的解决方案，因此，基于通用芯片的通用硬件可以基本满足无线接入网的能力要求。与此同时，用于管理硬件资源的虚拟化技术同样处于不断深入的发展中，从虚拟机到容器技术，虚拟化平台的性能不断被挖掘与增强。越来越多的设备支持抽象化、虚拟化，为移动通信网络基于通用设备实现提供了可靠的支撑。随着 SDN/NFV 技术的日趋成熟，运营商对于软件定义与虚拟化的无线接入网解决方案也更丰富。

本节首先对各研究机构提出的软件定义与虚拟化的无线接入网络架构进行简要介绍，然后介绍运营商所提出的软件定义与虚拟化无线接入网络部署解决方案。

### 6.3.1 软件定义与虚拟化的无线接入网架构介绍

移动互联网的应用和数据流量飞速增长，对运营商的网络构成了巨大压力。运营商、设备商开始探索讨论新的无线接入网的架构。移动接入网的软件定义、集中化、虚拟化提上日程[6]。

中国移动提出了基于集中化处理[6,7]，协作式无线电和实时云计算架构的绿色无线接入网络架构云接入网(C-RAN)。如图 6.9 所示，C-RAN 系统由远端无线射频单元(RRH)与天线组成的分布式接入网络，具备高带宽、低延迟的光传输网络通用处理器和实时虚拟技术组成的集中式基带处理池三大部分组成。C-RAN 架构的设计目标是利用通用处理器平台进行大规模基带处理，借鉴传统计算机科学领域云计算的概念进行通信网络云化处理。其本质是采用协作化、虚拟化技术，实现资源共享和动态调度，提高频谱效率，达到低成本、高带宽和高灵活度的运营。

在中国移动提出 C-RAN 之后，多家研究机构和设备商提出了相应的集中式网络架构模型和框架。IBM 提出了无线网络云(WNC)[8]架构，系统采用远端射频拉远、云计算、软件无线电等技术，在开放 IT 技术平台上对系统物理资源动态分配，从而实现无线接入网中不同小区基带处理和协议处理的统一管理。

清华大学提出了 CONCERT 的网络架构[9]。在该架构中，对整个网络运行进行控制的控制面是整个架构的核心。集中式部署的计算资源池采用通用平台，基于虚拟机技术形成各处理单元，除了进行集中化的基站处理外，也可以辅助处理解耦后的数据，而多样化的控制实体可以用来管控不同的数据处理实体，分配虚拟处理资源。

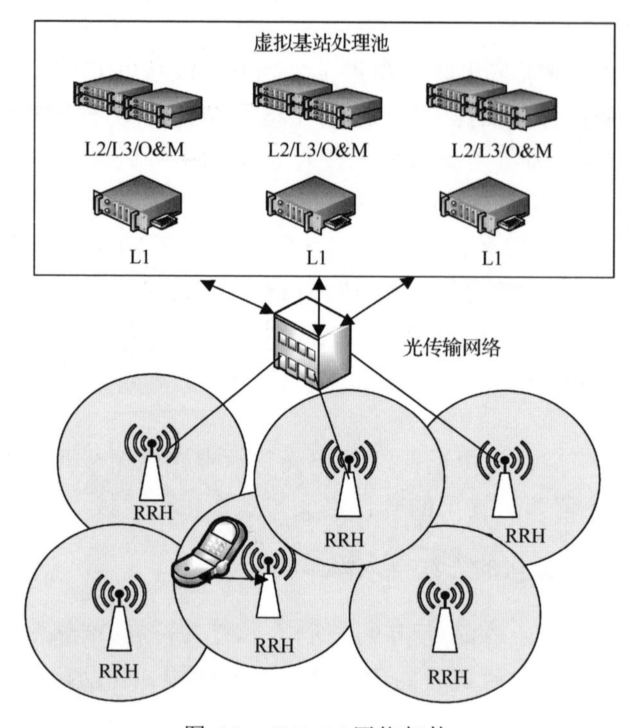


图 6.9　C-RAN 网络架构

中科院计算所基于前期提出超级基站概念架构，构建蜂窝无线通信系统集中式架构[10]并开展了研发工作，目前已经成功研制了多制式可重构的集中化接入网系统。基于超级基站构建的多制式蜂窝无线通信系统包括分布式光纤拉远射频单元、高速射频交换单元、集中式多模协议/基带处理池、多模核心网处理池以及全局智能管控系统五个部分。

通过以上多种软件定义与虚拟化架构分析可以看到，部署无线资源集中控制节点，对各类空口资源进行统一、融合管理是重要的架构组成部分。随着无线接入技术发展，依托软件定义网络和网络功能虚拟化技术的发展，无线接入网络虚拟化架构得到不断完善和演进。在此基础上，各大运营商开始推动无线网络虚拟化部署实验，无线网络虚拟化开始逐步落地实现。

### 6.3.2　中国移动 C-RAN 网络解决方案

C-RAN 是集中处理(降低基础设施投入)、协作(提高网络资源的使用效率)、云化(实现资源共享)和绿色(解决高能耗问题)的无线接入网。根据网络发展和演进，C-RAN 架构也在不断地调整和完善[6,11,12]。当前中国移动基于控制单元(Control Unit，CU)/数据单元(Data Unit，DU)分离的 C-RAN 部署架构如图 6.10 所示。在物理部署上，根据基站前传条件，分为数据单元集中堆叠和数据单元分布式部署两种方式，数据单元的放置位置的高低，将决定其提供服务的范围，位置越高可以实现更多资源的统一调度，对数据单元的能力要求也相应更高。

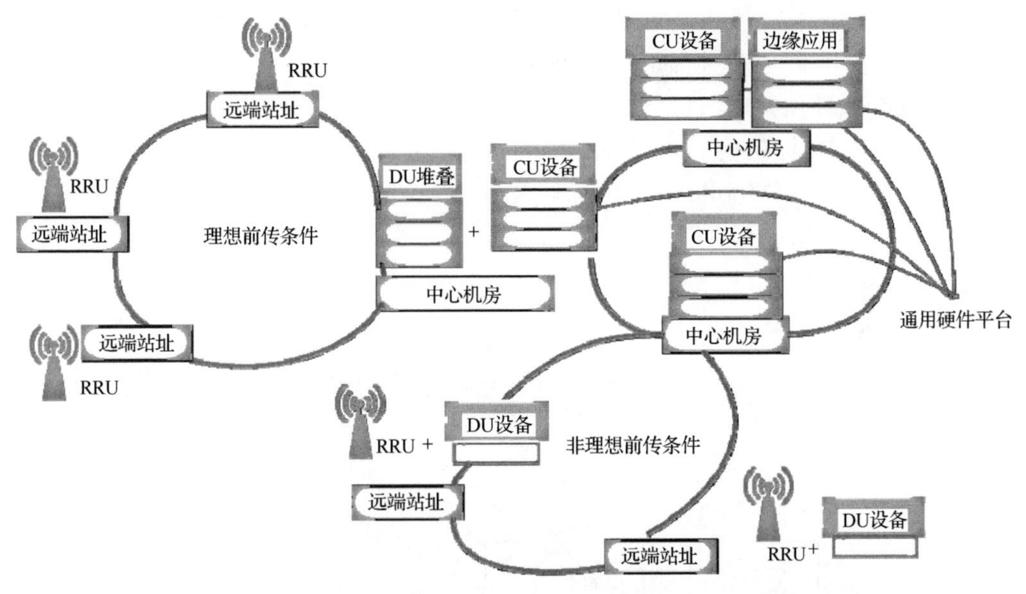


图 6.10　中国移动提出的 CU/DU 切分的 C-RAN 架构

C-RAN 的网络功能虚拟化主要是指 CU 的虚拟化。CU 采用通用硬件设备来实现无线网控制功能以及部分下沉的核心网功能，部署于中心机房并可以结合移动边缘计算(Mobile Edge Computing，MEC)实现边缘应用能力[13]。引入网络功能虚拟化框架之后，通过网络的统一编排和管理，在 SDN 架构下实现对 CU 的资源虚拟化管理。

C-RAN 作为 5G 无线网络主要架构之一，通过在集中化虚拟化方面的突破性创新，可以更好地支持多样的 5G 业务接入和网络的灵活部署。2017 年 5 月，吉林移动在长春经济技术开发区完成 C-RAN 组网架构的部署，通过 BBU 集中放置的组网改造及相关特性的开通，提升区域内边缘用户的上下行速率体验、降低站间干扰，实现低成本、高效率的网络运营，在 4G 网络 5G 化的道路上迈出坚实一步。2019 年 4 月，中国移动福建公司率先启动 5G C-RAN 创新试点，通过对 5G BBU 的集中部署，降低站址机房及配套传输的建设成本，提高运维效率，缩短建设周期[14]。2019 年 8 月，安徽移动完成了基于 C-RAN 的 5G 前传方案验证，属国内首次开通 4G/5G 共前传解决方案预商用局点，形成了全国首个 4/5G C-RAN 集中样板区[15]。

### 6.3.3　中国电信 S-RAN 网络解决方案

中国电信 CTNet 2025 目标网络架构特征是简洁、敏捷、开放、集约，为用户提供网络可视、资源随选、用户自服务的网络能力[16]。CTNet 2025 目标网络架构提出，未来基础设施层仅少量采用专用硬件设备，将大量采用标准化、可云化部署的硬件设备，未来基础设施将向通用化和标准化目标演进。基础设施重构是网络重构的重要前提和基础保障，推动部分具备条件的网络机房向数据中心(Data Center，DC)架构的方式改造，是中国电信网络重构演进近阶段的重要举措。配合 CTNet 2025 目标架构的数据中心化改造方案将移动网络描述成“三朵云”。移动边缘内容与计算(Mobile Edge Computing and Content，MECC)也与“接入云”融合，以满足超低时延业务、大容量业务的本地缓存需求。中国电信网络重构移动网目标架构如图 6.11 所示。

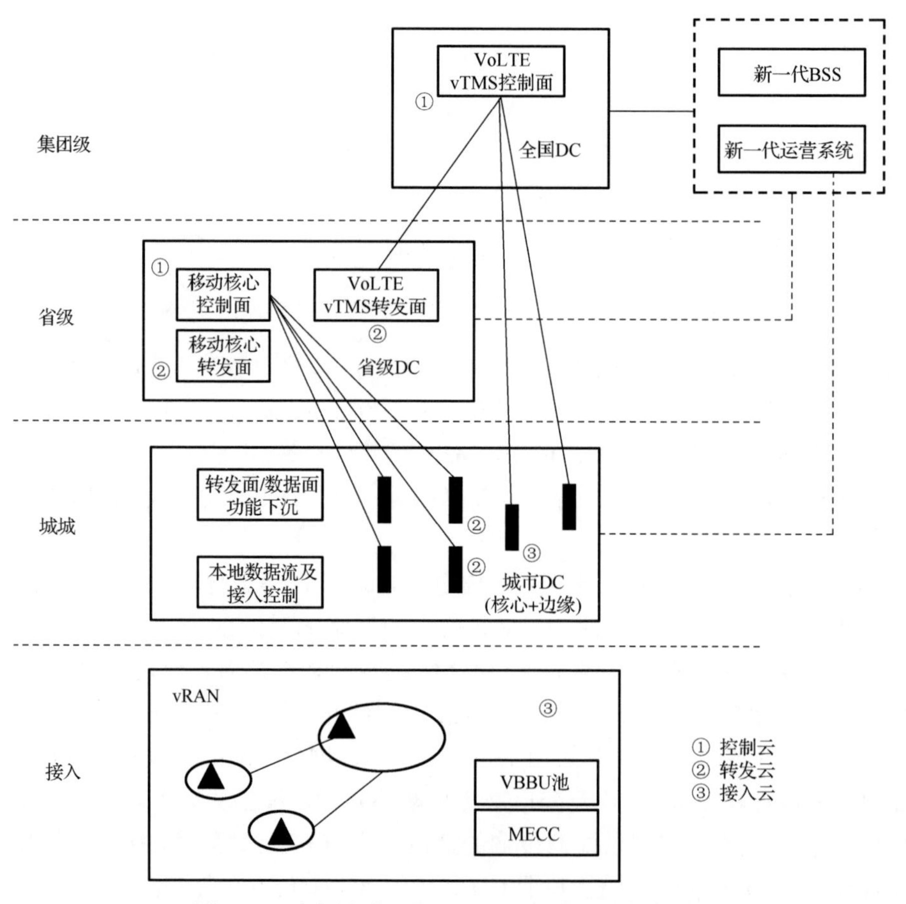


图 6.11　中国电信 CTNet 2025 移动网目标架构

2016 年，中国电信集团在江苏、广东、四川、广西等 7 个省市启动开展以 DC 为核心的机房 DC 化改造预研试点，探索 SDN、NFV 技术驱动下的网络 DC 分层部署架构和演进路径。2017 年，中国电信集团下发了网络 DC 布局和机房 DC 化改造指导意见、设计规范等系列研发成果，开展了全国范围的机房资源盘查、目标 DC 布局选址和机房 DC 化改造建设方案制定等系统性工作，为 SDN、NFV 网络重构演进做好基础设施前提保障[17]。

随着 5G 发展，中国电信推动 SDN、NFV 技术在接入网的应用和部署。2019 年 1 月，中国电信在 5G 联合开放实验室完成了业界首个基于虚拟机容器技术的 5G 独立组网(SA)核心网的端到端技术和业务测试，实现了基于中国电信自主研发的网络功能虚拟化编排器的自动化部署，加速推动 5G SA 方案的成熟、实现高效和敏捷部署。2019 年 2 月，中国电信联合英特尔在 2019 年的世界移动通信大会上首次展示完整的基于开放无线接入网概念的 5G 白盒化室内小基站原型机[18]。

### 6.3.4　中国联通 CUBE-RAN 网络解决方案

中国联通于 2015 年发布了新一代网络技术体系和架构白皮书 CUBE-Net2.0，定义中国联通网络发展方向。进一步，在 2018 年发布云化泛在极智边缘无线接入网络(Cloud-oriented Ubiquitous Brilliant Edge-RAN，CUBE-RAN)白皮书。CUBE-RAN 是 CUBE-Net 思想在移动通信领域的深度诠释，旨在通过云化架构演进、多接入融合、资源智能管理和边缘能力开放，打造弹性、敏捷、开放、高效、智能的移动无线接入网络[19]。

2018 年 9 月 26 日，在北京举办的中国国际通信展上，中国联通携手英特尔联合展出基于通用处理器的 CUBE-RAN 云基站平台。该平台面向 4G/5G 共平台部署，展示了业界首个 1.8GHz LTE 和 3.5GHz NR 多制式、软硬解耦的分布式云化接入网解决方案[20]。区别于传统基站设备，该平台基于通用 X86 服务器开发，内置高性能可扩展的志强处理器，兼容 FPGA、QAT 等多种加速卡，采用 Cloud Native 容器化技术，在实现软硬解耦的基础上保障 VNF 的快速部署和移植。该平台采用 CU/DU/AAU 架构，基于标准的 F1/eCPRI 接口，有利于实现网元分布式解耦部署，推动设备间接口开放，以及后续引入智能化管理技术。此外，该平台将 4G 和 5G CU 功能部署于同一台服务器，共享虚拟化资源池，并实现集中控制，通过双连接可直观感受底层虚拟化资源对不同空口传输能力的动态适配，未来还将在该平台上探索，扩展支持 MEC、UPF 等边缘应用功能。

2019 年 2 月，中国联通在雄安新区开通了业界最大规模的 4G/5G 无线虚拟化外场试验网络。试验网采用诺基亚无线云化接入方案，建设 10 个 4G 和 40 个 5G

基站，4G/5G 基站均采用 CU/DU 分离架构，实现了 4G/5G 基站软件功能在通用硬件资源池上的共平台云化部署[21]。

### 6.3.5 乐天移动全虚拟化网络解决方案

2019 年 1 月，乐天移动宣布将建设全球首张端到端的全虚拟化的云原生移动通信网络[22]。

端到端全虚拟化，就是将从核心网到无线接入网的传统软硬件一体化的专用电信设备解耦，将虚拟网络功能运行于由通用硬件和服务器组成的 IT 云环境，以降低网络成本[22]。根据乐天移动发布的部署计划，其早期的 4G 建设就要对 BBU 部分虚拟化，不再采用传统的专用电信设备，而是将网络虚拟化功能软件运行于通用服务器上，以节省建网成本，并面向未来 5G 软件化升级。根据乐天移动的描述，其端到端全虚拟化的 4G 网络架构图大致如图 6.12 所示。

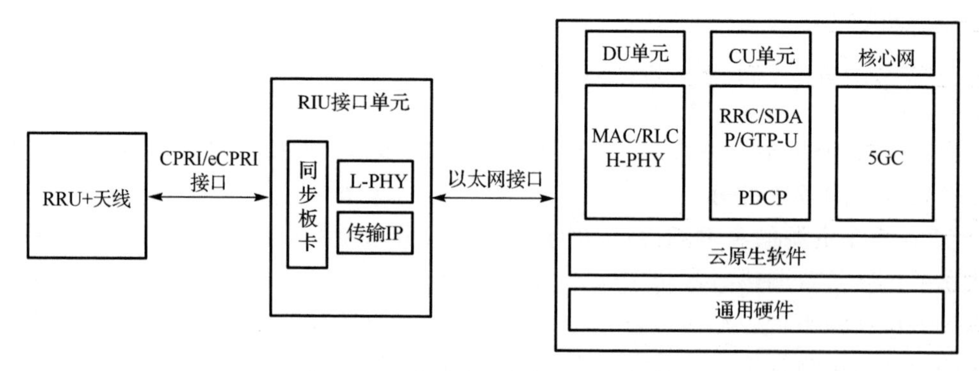


图 6.12　乐天移动虚拟化网络架构

在无线接入网部分，将传统 4G 基站的 BBU 和 RRU 拆分为：CU 单元、DU 单元、RIU 接口单元、RRU+天线集成单元。其中，CU 单元、DU 单元和核心网全基于云原生软件+通用硬件设计。

## 6.4 软件定义与虚拟化无线接入网的部署挑战

尽管软件定义与虚拟化接入网具有很好的发展前景，已有很多研究工作和标准化工作在推进，但是在软件定义与虚拟化的接入网设备——虚拟基站的广泛部署实施中，鉴于基站处理的高实时、高性能的设计需求，基于开放通用硬件平台及虚拟化技术实现大规模网络构建，实现低成本、高效率的网络运营，还需应对以下挑战。

(1) 虚拟基站架构及功能设计。针对未来多样性业务的需求，基于虚拟化技术设计软基站的实现架构及拆解逻辑业务功能，通过无线网络管理软件重新分配处理资源及组合业务功能以构造支持不同标准和不同负载的虚拟基站，完成对目标区域的信号覆盖，形成通信网络，提供网络快速部署的能力。

(2) 实时高可靠虚拟基站运行环境。适用于实时信号处理的操作系统和软件框架，提供优化并可控的系统处理时延和抖动以满足高实时高带宽信号处理的需求，并尽量提供最优的系统资源虚拟化开销，以提高系统资源利用率。

(3) 虚拟基站资源扩展性。虚拟的基站网元功能本身需要具备向上扩展和向下扩展的性能。能够根据业务需求，在资源扩展的基础上，实现业务处理容量的扩展。

(4) 虚拟基站的安全性。无线接入网的安全是非常重要的，与传统基站不同，虚拟基站的运行安全需要经过反复的大规模的测试，不断加强。

(5) 虚拟基站的高可用性。在使用虚拟基站功能来降低成本的前提下，保证虚拟网络功能和物理网络功能提供相同的高可用性。

(6) 控制信令与接口标准化。业务提供商或虚拟运营商与运营商之间需要建立连接，传递用户需求，完成网络构建。这些连接都需要标准的接口来传递信息。因此，需要设计标准化控制信令和接口，并且考虑时延和可靠性，使得参与无线网络虚拟化的各个部分之间高效通信。

(7) 系统资源的高效利用。如何更好地实现各类资源的抽象、集中分配与组合，从系统角度对资源进行最优配置，如何统一编排异质资源，快速自动部署基站功能到虚拟资源平台。同时，如何根据业务流量的变化动态调整虚拟资源的占用。动态调整的策略管理，以及资源动态调整引发的资源管理问题，都是需要关注的。

(8) 网络管控系统的全面性。网络管控系统需要兼顾对整个资源池物理资源的管理，虚拟基站运行管理，以及业务的全面监测和管控。实现根据业务需求对物理资源及功能逻辑的管控，保证对网络管控的全面性。

## 参考文献

[1] 黄蓉, 王友祥, 唐雄燕, 等. 无线接入网虚拟化发展探讨. 移动通信, 2019, 43(1): 52-56.

[2] 王志. 虚拟化核心网的建设和运维探索. 中国新通信, 2017, 19(12): 77-79.

[3] 张科, 李东. 移动基站虚拟化标准用例研究. 电信工程技术与标准化, 2016, 29(225): 34-37.

[4] 王园园. 超级基站架构下资源管控关键技术研究. 北京: 中国科学院大学, 2016.

[5] 韩冰. NFV 与 SDN 基础上的接入网虚拟化技术. 电子技术与软件工程, 2018, 21: 1.

[6] 陈奎林. C-RAN 的起源现状和未来. 5 版. 北京: 北京中国移动通信研究院, 2012.

[7] Project: centralised processing, collaborative radio, real-time cloud computing, clean RAN system (P-CRAN). http://www.ngmn.org/workprogramme/centralisedran.html. 2013.

[8] Lin Y, Shao L, Zhu Z, et al. Wireless network cloud: architecture and system requirements. IBM Journal of Research and Development, 2010, 54: 184-187.

[9] Niu Z, Zhou S, Zhou S. Energy efficiency and resource optimized hyper-cellular mobile communication system architecture and its technical challenges. Scientia Sinica Informationis, 2012, 42(10): 1191-1203.

[10] Qian M, Wang Y, Zhou Y, et al. A super base station based centralized network architecture for 5G mobile communication systems. Digital Communications and Networks, 2015: 152-159.

[11] 马颖. VRAN 技术在 5G 网络的实现. 移动通信, 2017, 41(20): 69-73.

[12] 中国移动通信研究院, 华为技术有限公司, 中兴通讯股份有限公司, 等. 迈向 5G C-RAN: 需求、架构与挑战白皮书. 北京: 北京中国移动通信研究院, 2016: 1-20.

[13] 吴根生, 王学灵, 邢志宇. MEC 技术与移动网络重构浅析. 移动通信, 2018, 42(1): 15-20.

[14] 通信网络. 华为与福建移动已完成了一阶段的 5G CRAN 试点建设. http://www.elecfans.com/tongxin/20190408902100.html, 2019.

[15] 通信世界网. 安徽移动携手华为完成首个基于 4/5G AAU 领先架构的前传 CRAN 试点. http://www.cww.net.cn/article?id=456580, 2019.

[16] 中国电信集团公司. CTNet-2025 网络架构白皮书. 2016.

[17] 网络通信频道. 中国电信 CORD 及网元虚拟化商用化部署应用. http://net.it168.com/a2017/1213/3185/000003185159.shtml, 2017.

[18] 通信网络. 中国电信 5G 白盒“小基站”亮相 MWC. https://baijiahao.baidu.com/s?id=1626316499130393281&wfr=spider&for=pc. 2019.

[19] 中国联通. 中国联通 CUBE-RAN 白皮书. 2018.

[20] 通信世界网. 中国联通携手新华三、Intel 发布 CUBE-RAN 云基站平台. http://www.cww.net.cn/article?id=439263, 2018.

[21] ChinaIT. 中国联通开通业界最大规模 4G/5G 无线虚拟化试验网. http://www.chinait.com/5g/15091.html, 2019.

[22] 新浪科技. 乐天移动首批白盒化 4G 基站开通. http://www.cww.net.cn/article?id=446603, 2019.